计算思维与计算机应用
基础实验指导

（第二版）

主　编　唐铸文　胡玉荣

U0172096

华中科技大学出版社

中国·武汉

内容简介

本书为《计算思维与计算机应用基础》（第二版）的配套学习用书，共分为 6 章。每章均按照案例实验、案例分析、强化训练、参考答案的思路编写，主要介绍了计算机基本知识实验、中文 Windows 7 操作系统实验、中文字处理软件 Word 2016 实验、电子表格软件 Excel 2016 实验、文稿演示软件 PowerPoint 2016 实验、计算机网络实验等方面的内容。各章的案例实验精心设计，利于读者巩固知识，提升操作技能；案例分析、强化训练依照教育部考试中心《全国计算机等级考试一级计算机基础及 MS Office 应用考试大纲(2022 年版)》和《全国计算机等级考试二级 MS Office 高级应用与设计考试大纲(2022 年版)》所规定的考试内容撰写，有较强的针对性。

本书通俗易懂，实用性强，可作为应用技术大学本科、高等职业院校各专业的计算机基础课程实验教材和计算机等级考试参考用书，也可供全国职称计算机考试培训班和自学者使用。

图书在版编目(CIP)数据

计算思维与计算机应用基础实验指导/唐铸文，胡玉荣主编. —2 版. —武汉 ：华中科技大学出版社，2022.8
（2024.7 重印）
ISBN 978-7-5680-8675-2

Ⅰ. ①计… Ⅱ. ①唐… ②胡… Ⅲ. ①计算方法－思维方法－高等学校－教学参考资料 ②计算机应用－实验－高等学校－教学参考资料 Ⅳ. ①O241 ②TP39-33

中国版本图书馆 CIP 数据核字(2022)第 142042 号

计算思维与计算机应用基础实验指导（第二版）　　　　唐铸文　胡玉荣　主编
Jisuan Siwei yu Jisuanji Yingyong Jichu Shiyan Zhidao(Di-er Ban)

策划编辑：谢燕群
责任编辑：谢燕群
封面设计：原色设计
责任监印：周治超
出版发行：华中科技大学出版社(中国·武汉)　　　　电话：(027)81321913
　　　　　武汉市东湖新技术开发区华工科技园　　　　邮编：430223
录　　排：华中科技大学惠友文印中心
印　　刷：武汉科源印刷设计有限公司
开　　本：787mm×1092mm　1/16
印　　张：18.5
字　　数：480 千字
版　　次：2024 年 7 月第 2 版第 5 次印刷
定　　价：45.00 元

华中出版

本书若有印装质量问题，请向出版社营销中心调换
全国免费服务热线: 400-6679-118　竭诚为您服务
版权所有　侵权必究

前　　言

计算机技术的发展速度远远超出人们想象，计算机的应用从科学计算、数据处理、自动控制、办公自动化、电子商务，到移动通信、人工智能、物联网、云计算、大数据等信息技术出现，在社会经济、人文科学、自然科学的方方面面引发了一场深刻的革命，改变着人们的思维和生产、生活、学习方式。无处不在的计算思维已成为人们认识问题、分析问题和解决问题的基本能力之一。

计算思维，不仅是计算机科学技术及相关专业学生应该具备的基本素质和能力，而且是所有大学生应该具备的素质和能力。为了帮助广大在校学生提升计算思维能力，更有效地掌握计算机应用技能，并达到熟练地操控计算机的程度，我们编写了本书。在编写中，我们按照教育部高等学校计算机课程教学指导委员会《大学计算机基础课程教学基本要求》、教育部考试中心《全国计算机等级考试一级计算机基础及 MS Office 应用考试大纲(2022 年版)》和《全国计算机等级考试二级 MS Office 高级应用与设计考试大纲(2022 年版)》规定的考试内容确定编写大纲，并参照高等院校的教学要求对各教学内容进行了精选，以期达到预定的实验指导效果。

本书为《计算思维与计算机应用基础》（第二版）的配套学习用书，共分为 6 章。每章均按照案例实验、案例分析、强化训练、参考答案的思路编写，主要设置了计算机基本知识实验、中文 Windows 7 操作系统实验、中文字处理软件 Word 2016 实验、电子表格软件 Excel 2016 实验、文稿演示软件 PowerPoint 2016 实验、计算机网络实验等方面的内容。各章的案例实验精心设计，利于读者巩固知识，提升操作技能；案例分析、强化训练依照最新部颁大纲撰写，有较强的针对性。

本书通俗易懂，实用性强，可作为应用技术大学本科、高等职业院校各专业的计算机基础课程实验教材和计算机等级考试参考用书，也可供全国职称计算机考试培训班和自学者使用。

本书在编写过程中得到荆楚理工学院和华中科技大学出版社的大力支持，在此表示衷心感谢！

由于编者水平有限，书中的错误之处恳请读者批评指正。

编　者
2022 年 4 月

目　录

第1章 计算机基础知识

1.1 案例实验

实验一 计算机基本知识实验

【实验目的】

(1) 认识计算机硬件的各主要部件，学会组装计算机。

(2) 掌握计算键盘键位分布及各键区的功能。

(3) 了解计算机启动的几种模式与区别，掌握主机与外部设备的启动顺序。

(4) 了解 Windows 的启动与退出方法，比较几种启动的区别。

任务 1 认识硬件系统

实验前，教师准备一些可用的计算机主板、CPU、内存条、硬盘(好坏各若干块)、声卡、键盘、鼠标等计算机部件。在教师指导下，通过听讲、辨认和练习，认识计算机硬件的各主要部件。

❶ 上课时，教师逐一展示计算机部件，讲解其功能。然后每 4 人一组，观察、了解计算机硬件系统的各组成部分，认识计算机硬件的主要部件。

❷ 用这些计算机部件组装成计算机。

❸ 如图 1.1 所示，对照键盘实物，熟悉键盘的功能键区、主键盘区、编辑键区、小键盘区的功能及其作用。

图 1.1　键盘分区示意图

❹ 对照鼠标实物，熟悉鼠标各键的功能。

任务 2 启动和关闭计算机

通过讲、认、练，练习启动和关闭计算机。

1. 计算机冷启动

冷启动是指计算机在没有加电的状态下初始加电，一般程序是先打开外部设备(简称外设，如显示器、打印机等)电源，再打开主机箱上的电源。这是因为，主机的运行需要非常稳定的电源，为了防止外设启动引起电源波动而影响主机运行。而关机时，正好相反，一般应先关主机箱上的电源，再关外设电源。这样可以防止外设电源断开一瞬间产生的电压感应冲击对主机造成意外损害。

2. 计算机热启动

热启动是指计算机在 DOS 状态下运行时，同时按下 Ctrl + Alt + Del 键，计算机会重新启动。这种启动方式是在不断电状态下启动计算机的，所以称为热启动。

3. 计算机复位启动

复位启动是指计算机死机后，甚至连键盘都不能响应时采用的一种热启动方式。主机箱面板上一般都会有一个复位(Reset)按钮，按下它，计算机就会重新加载硬盘等所有硬件及系统的各种软件。值得注意的是，这种启动方式对计算机的危害不亚于热启动。

任务 3 中文 Windows 的启动与退出

通过讲、听、练，仔细观察 Windows 的启动与退出。
❶ 直接启动
❷ 通过菜单启动

实验二 汉字输入法实验

【实验目的】
(1) 了解键盘的布局特点及常用键的用法。
(2) 学会使用正确的姿势进行指法练习。
(3) 掌握一种中文输入法。
(4) 掌握拼音输入法或五笔字型输入法的编码规则。
(5) 熟练掌握拼音输入法或五笔字型输入法等汉字输入法的基本技能。
(6) 能快速地输入汉字，单个字输入达到每分钟 80 字。

任务 1 键盘作业与指法训练

使用金山打字软件，通过讲、认、练，实操练习指法、英文输入、拼音输入、五笔输入，如图 1.2 所示。

图 1.2 五笔输入键盘示意图

任务 2 学习拼音输入法基本知识

拼音输入法有多种，如全拼输入法、简化拼音输入法、智能 ABC 输入法和微软拼音输入法等。全拼输入法是只要会汉语拼音的人就会使用的一种输入法，但重码较多，检索麻烦。智能 ABC 输入法(又称标准输入法)是中文 Windows 中自带的一种汉字输入方法，由北京大学的朱守涛先生发明。它简单易学、快速灵活、功能强大，受到用户的青睐。

1. 智能 ABC 输入法的编码基础

智能 ABC 输入法不是一种纯粹的拼音输入法，而是一种音形结合输入法。它的编码方法很简单，就是拼音加上字的第一笔形状编码的笔形码。这种编码方法是为了减少全拼输入法检索时翻页的次数，缩小检索范围，提高输入速度。笔形码所代替的笔形如表 1.1 所示。

表 1.1 智能 ABC 输入法的笔形码

编码	笔形
1	横
2	竖
3	撇
4	捺
5	横折
6	竖折
7	十字交叉
8	方框

2. 智能 ABC 输入法的汉字基本输入法

1) 全拼输入

要输入汉字，先直接输入汉语拼音，再按 Enter 键或空格键，然后在列表中选择；如果列表中没有所要的字，则可按"+"键(或"Page Down"键)或"-"键(或"Page Up"键)翻页，直到找到所需要的汉字。例如，要输入"国家"，直接输入拼音"guojia"，再按 Enter 键或空格键即可。

2) 简拼输入

要输入汉字，先输入汉字的声母，再按 Enter 键或空格键，然后在列表中选择。例如，要输入"国家"，可输入"国"的声母"g"和"家"的声母"j"，即输入"gj"，就会显示所有声母为"gj"词的列表，在列表中选择要输入的词。如果要输入的词为词列表的第 1 个，则直接按空格键即可。智能 ABC 输入法的词库中有大约七万词条，常用的 5000 两字词都可采用简拼输入。

3) 混拼输入

所谓混拼输入是指在输入汉字时可以输入某个词中的某些字用简拼，而另一些字用全拼。例如，要输入"国家"，可输入"guoj"(第一个字全拼，第二个字简拼)或"gija"(第一个字简拼，第二个字全拼)。

4) 音形输入

要输入汉字，先输入拼音和该字的第一笔形状编码的笔形码，再按 Enter 键或空格键，然后在列表中选择。例如，要输入"国"字时，输入"guo8"，即可在列表中选择该字，不用翻页。因"国"字第一笔字形"囗"的编码为"8"。输入"g8"(简拼加第一笔形编码 8)或"g81"(简拼加第一笔形编码 8 和第二笔形编码 1)可得到"国"字。

又如，要输入"国家"这个词时，可以输入"guo8jia4"或"g8j"或"guoj4"等。

采用音形结合的方法，可以减少同音字或同音词的数量，还能减少击键次数，提高输入效率。

5) 纯笔形输入

智能 ABC 还提供了纯笔形输入方法。这个方法只需记忆横 1 竖 2 撇 3 点 4 折 5 弯 6 叉 7 方 8 等 8 个笔形。输入"独体字"按书写顺序逐笔取码，输入"合体字"一分为二，每部分限取三码。一个字最多取六码。

3. 智能 ABC 输入法的切换键

❶ 中英文输入切换。在输入中文过程中，如果要输入大写英文字母，则只需要按一下 Caps Lock 键即可，输入完成后，再按一下就还原了。如果要输入小写英文字母，则先按"v"键，再输入英文字母，然后按空格键或 Enter 键。例如，要输入 tang，只需直接按 vtang 空格即可。

❷ 全角/半角切换，按 Shift + Space 键。

❸ 中英文标点符号切换，按 Ctrl + . 键。

4. 字母 i 与 I 的特殊用途

1) 输入汉字数字

智能 ABC 提供了阿拉伯数字和中文大小写数字的转换功能。"i"为输入小写中文数字的前导字符，"I"为输入大写中文数字的前导字符。

要输入汉字数字，先按"i"键，再输入要输入的阿拉伯数字，最后按空格键或 Enter 键。例如，要输入中文小写"二〇一九"，则直接依次按"i2019"键和空格键即可。而依次按"I2019"键和空格键，可输入中文大写"贰零壹玖"。

2) 输入常用量词

"i"或"I"与一些特定字母的组合可输入常用的量词。智能 ABC 规定的字母的含义为：g[个]、s[十，拾]、b[百，佰]、q[千，仟]、w[万]、e[亿]、z[兆]、d[第]、n[年]、y[月]、r[日]、t[吨]、k[克]、$[元]、h[时]、f[分]、l[里]、m[米]、j[斤]、o[度]、p[磅]、u[微]、i[毫]、a[秒]、c[厘]、x[升]。

例如，依次按"is"键和空格键，可输入"十"字，而依次按"Is"键和空格键，可输入"拾"字。

又如，依次按"i2010n6y2s4r"和空格键，可输入"二〇一〇年六月二十四日"；如果依次按"I2010n6y2s4r"和空格键，则可输入"贰零壹零年陆月贰拾肆日"。

5. 字母 v 的特殊用途

1) 输入英文

如前所述，在使用智能 ABC 输入含有英文的中文句子时，键入"v + 英文"，按空格键即可输入英文，而"v"不会显现出来。

2) 输入字母和特殊符号

如果要输入 GB2312 字符集 1~9 区的各种符号，只须在标准状态下键入"v+数字"，如表 1.2 所示。

表 1.2　v 与数字组合键用于输入的符号

V+数字	输入的符号
v1	标点符号和数学符号
v2	数字序号
v3	英文字母的大小写和一些标点符号
v4	日文平假名
v5	日文片假名
v6	希腊字母和一些符号
v7	俄文字母
v8	汉语拼音和一些日文
v9	制表符

例如，依次按"v1"键，向下翻 4 次，再按 2，就可以得到符号"Σ"。依次按 v2 键，会得到所有的编号排版用符号，如"1." "(1)" "①"等。依次按 v3 键，得到常见字符的变体，如"@" "*" "{" "%"等。

6. 智能 ABC 输入法的记忆功能

1) 自动记忆

自动记忆通常用来记忆词库中没有的生词，刚被记忆的词并不能立即存入用户词库中，至少要使用 3 次后才有资格被长期保存。允许自动记忆词的最大长度为 9 个汉字，最大词条容量为 17 000 条。自动记忆的特点是自动进行或略加人为干预。所谓人为干预指用"退格键"删除不想要的字，并选择所需要的字。凡被自动记忆的词，再次输入时，可采用简拼形式输入。

2) 强制记忆

强制记忆词的最大长度为 15 个汉字，最大词条容量为 400 条。人们在汉字输入时常常会遇到某个长的词条，如单位名称等，这时可以将该词条用一个代码来表示，进行强制记忆。再次输入时，只要在该代码前加引导符"u"，就可以输入这个长词条。

3) 朦胧回忆

朦胧回忆功能是模拟人脑的瞬时记忆以及不完整记忆的原理，对于刚刚用过的词条，只要输入其中任何字的声母按"Ctrl + -"组合键，即可得到这个词条。

任务3　学习五笔字型输入法基本知识

五笔字型输入法是一种不依赖发音，仅依靠字型特征来编码输入汉字的方法，是目前公认的快捷、先进的汉字输入技术。用这种输入方法输入时重码少，基本不用选字，便于盲打。字与词兼容，字根优选，键盘布局经过精心设计，有较强的规律性，因此，拥有广泛的用户。

1. 五笔字型编码基础

一个完整的汉字是由若干笔画经过复合、连线、交叉形成一种相对不变的结构组合而成。这种基本的笔画，相对不变的结构叫做"字根"。例如，"木""子"构成"李"，"日""月"构成"明"等。五笔字型法把汉字分为3个层次，即笔画、字根、汉字。

1) 五种笔画

什么叫笔画？在书写汉字时，不间断地一次连续写成的一个线条段叫做汉字的笔画。在五笔字型输入法中，汉字的笔画分为横、竖、撇、捺、折5种。为了便于记忆和应用，根据它们使用概率的高低，依次用1、2、3、4、5作为它们的代号，如表1.3所示。

表1.3　汉字的5种笔画

代号	笔画名称	笔画走向	笔画形状
1	横	左→右	一
2	竖	上→下	｜
3	撇	右上→左下	丿
4	捺	左上→右下	丶
5	折	带转折	乙

5种笔画组成字根时，其间的关系可分为4种情况。

❶ 单：五种笔画自身。

❷ 散：组成字根的笔画之间有一定间距。例如，三、八、心等。

❸ 连：组成字根的笔画之间是相连接的，可以是单笔与单笔相连，也可以是笔笔相连。例如，厂、人、尸、弓等。

❹ 交：组成字根的笔画是互相交叉的。例如，十、力、水、车等。

当然，还会有一种混合的情况，即一个字根的各笔画间既有连又有交或散。例如，农、禾。

2) 汉字的3种字型

根据构成汉字的各字根之间的位置关系，可以把成千上万的方块汉字分3种类型：左右型、上下型、杂合型。根据汉字的字型，也用1~3给出其形状代号，如表1.4所示。

表1.4　汉字的3种字型

字型代号	字　　型	字例
1	左右	汉湘结封
2	上下	字莫花华
3	杂合	困凶道乘太重天且

　　表中最后一种又叫独体字，前两种统称合体字，两部分合并在一起的汉字称双合字，3 部分合并在一起的称三合字。

　　在为汉字编代码时，由于某些汉字字根较少，即信息量不足，离散不开，因此有必要再补加一个字型信息。对于由 4 个部分以上组成或者可以分为 4 部分的汉字，其信息已够丰富，则不必要再考虑字型信息了，这就是今后要取"一二三末" 4 个字根，且不足 4 码要追加末笔交叉识别码的原因。

　　❶ 左右型汉字。这种类型汉字包括以下两种情况。

　　◆ 在双合字中，两个部分分列左右，其间有一定的距离。例如，肚、胡、理、胆、拥等。

　　◆ 三合字中，整字的 3 个部分从左至右并列或者单独占据一边的部分与另外两个部分呈左、右排列。例如，侧、别、谈等。

　　❷ 上下型汉字。这种类型汉字也包括以下两种情况。

　　◆ 双合字中，两个部分分列上下，其间有一定距离。例如，字、节、旦、看等。

　　◆ 三合字中，3 个部分上下排列或者单占一层的部分与另外两部分作上下排列。例如，意、想、花等。

　　❸ 外内型汉字和单体型汉字。这种类型汉字是指组成整字的各部分之间没有明确的左右或上下型关系者。例如，困、同、这、斗、头等。

　　3) 基本字根及其优选

　　什么是字根？由若干笔画交叉连接而形成的相对不变的结构叫字根。

　　把字根安排在键盘上，就形成了"字根键盘"。五笔字型中优选了 130 种基本字根，并将基本字根按首笔笔画划分为 5 类，各对应英文键盘的一个区(共 5 个区)，每个区又分 5 个位，位号从键盘中部向两边顺序排列，共 5×5＝25 个键位。各键位的代码既可以用区位号(11~55)来表示，也可以用对应的字母表示。具体分布情况如下。

　　一区：横起笔类　共 27 种字根，分"王土大木工" 5 个位。

　　　　　区位号分别为 11、12、13、14、15。

　　二区：竖起笔类　共 23 种字根，分"目日口田山" 5 个位。

　　　　　区位号分别为 21、22、23、24、25。

　　三区：撇起笔类　共 29 种字根，分"禾白月人金" 5 个位。

　　　　　区位号分别为 31、32、33、34、35。

　　四区：捺起笔类　共 23 种字根，分"言立水火之" 5 个位。

　　　　　区位号分别为 41、42、43、44、45。

　　五区：折起笔类　共 28 种字根，分"已子女又纟" 5 个位。

　　　　　区位号分别为 51、52、53、54、55。

　　把全部字根都标记在键盘上，就形成了"五笔字型键盘字根总表"。把同一区的字根联系起来，编成一首词，这种辅助记忆的字根词叫字根助记词。具体如下。

　　11　王旁青头戋(兼)五一

　　12　土士二干十寸雨

　　13　大犬三手(羊)古石厂

14 木丁西
15 工戈草头右框七

21 目具上止卜虎皮
22 日早两竖与虫依
23 口与川，字根稀
24 田甲方框四车力
25 山由贝，下框几

31 禾竹一撇双人立，反文条头共三一
32 白手看头三二斤
33 月彡(衫) 乃用家衣底
34 人和八，三四里
35 金勺缺点无尾鱼，犬旁留乂儿一点夕，氏无七(妻)

41 言文方广在四一，高头一捺谁人去
42 立辛两点六门疒
43 水旁兴头小倒立
44 火业头，四点米
45 之字军盖道建底，摘礻(示)衤(衣)

51 已半巳满不出己，左框折尸心和羽
52 子耳了也框向上
53 女刀九臼山朝西
54 又巴马，丢矢矣
55 慈母无心弓和匕，幼无力

字根总表有一定的编码规律，归纳如下。

❶ 首笔与区号一致，次笔与位号一致。例如，"王"字的首笔是"一"，次笔是"一"，则为 1 区 1 位，编码 11，对应的键是"G"；

❷ 首笔符合区号，且笔划数与区位号一致。例如，"三"字的首笔是"一"，共三划，则为 1 区 3 位，编码 13，对应的键是"D"；

❸ 部分字根与主要字根的形态相近，且首笔符合区号。例如，"五"字的首笔是"一"，与"王"字相近似，则在 1 区 1 位，对应键为"G"；

❹ 个别例外，例如，"力"，其声母为"L"，故安排在该键上。有的字根没有根本规律，但大都与它们的所在区号有关。例如，"丁、西、目、几、虫、心、羽、巴、马、金、月"等，这些字根只能靠读者记忆。

❺ 在键盘字根布局时考虑了以下原则。

◆ 左右手交替打字。这样会有更高的速度，有助于减少手的疲劳。

◆ 各手指负担合理。合理分布增加 10 个手指的灵活程度，反应能力。

◆ 高频键占好位。将常使用的键位安排在中排位置。

◆ 减少换挡及复合操作。一个键安排 2～6 个字根，不必换挡，采用编码规则自动组字，为提高输入速度创造条件。

4）汉字的结构分析

基本字根本身在组成汉字时，按照它们之间的位置关系也可以分为 4 种类型。

❶ 单　即基本字根本身就单独成为一个汉字。例如，口、木、山、田、马、寸等。

❷ 散　指构成汉字的基本字根之间可以保持一定距离。例如，吕、足、困、汉等。

❸ 连　指一个基本字根连一单笔画。例如，"丿"下连"目"即成为"自"。连的另一种情况为"带点结构"。例如，"勺、术、太"。

按规定，一个基本字根之前或之后的孤立点，一律视为基本字根相连的关系。

❹ 交　指几个基本字根交叉套叠之后构成的汉字。例如，"农"是由"冖""衣"构成，"申"是由"日""｜"构成等。

综上所述，归纳如下。

❶ 基本字根单独成字，在将来的取码中有专门的规定，不需要判断字型。

❷ 属于"散"的汉字，才可以分左右、上下型。

❸ 属于"连"与"交"的汉字，一律属于第三型。

❹ 不分左右，上下的汉字，一律属于第三型。

5）汉字的末笔字型交叉识别

对于拆不够 4 个字根的汉字，要在输入完字根后，加上一个末笔字型交叉识别码，识别码是由末笔代号与字型代号组合而成，如图 1.3 所示。

图 1.3　末笔字型交叉识别码

注意：

❶ "键名"及一切成字字根都不用识别码。

❷ 如果一个字加了识别码后仍不足 4 码，则必须补空格。

6）汉字的拆分原则

拆分原则可归纳为 4 个要点：取大优先，兼顾直观，能连不交，能散不连。

取大优先：在各种可能的拆法中，保证按书写顺序每次都拆出尽可能大的字根，也称能大

不小。例如,

夷:一弓人 (11　55　34　GXW)

平:一丷丨 (11　42　21　GUH)

兼顾直观:拆得的字根有较好的直观性,便于联想记忆,给输入带来方便。例如,

自:丿目 (31　21　THD)

舟:丿舟 (31　33　TEI)

羊:丷手 (42　13　UDJ)

能连不交:一个单体结构的字体,能按连关系拆分,就不要按相交的关系拆分。例如,

天:一大 (不能拆作"二人",因二者相交)

于:一十 (不能拆作"二丨",因二者相交)

能散不连:一个单体结构的字,如果能视为几个基本字根的散关系,就不能视为连关系。例如,

午:𠂉十 (都不是单笔画,应视作上下关系)

占:卜口 (都不是单笔画,应视作上下关系)

2. 五笔字型输入法

五笔字型输入法把汉字分成 3 类:键名汉字、成字字根汉字、单字。

1) 键名汉字输入

键名是指各键位左上角的黑体字根,它们是组字频度较高,而形体上又有一定代表性的字根,它们中绝大多数本身就是汉字,只要把它们所在键连击 4 次就可以了。例如,

王:11　11　11　11 (GGGG)

立:42　42　42　42 (UUUU)

2) 成字字根汉字输入

在每个键位上,除了一个键名字根外,还有数量不等的几种其他字根,它们中间的一部分其本身也是一个汉字,称之为成字字根。

成字字根输入公式:

键名代码+首笔代码+次笔代码+末笔代码

如果该字根只有两笔画,则以空格键结束。例如,

由:25　21　51　11 (MHNG)

十:12　11　21　　 (FGH)

五种单笔画的编码为:

一:11　11　24　24 (GGLL)

丨:21　21　24　24 (HHLL)

丿:31　31　24　24 (TTLL)

丶:41　41　24　24 (YYLL)

乙:51　51　24　24 (NNLL)

3) 单字输入

这里的单字是指除键名汉字和成字字根汉字之外的汉字。如果一个字可以取够 4 个字根,

就全部用字根键入，只有在不足 4 个字根的情况下，才有必要追加识别码。例如，

| 副：一 | 口 | 田 | 捧 | (11 23 24 22 GKLJ) |

| 给：纟 | 人 | 一 | 口 | (55 34 11 23 XWGK) |

| 驭：马 | 又 | | | (54 54 41 CCY) |

| 汉：氵 | 又 | | | (43 54 41 ICY) |

对识别的末笔，这里有两点规定。

❶ 所有包围型汉字中的末笔，规定取被包围的那一部分笔画结构的末笔。例如，

国：其末笔应取"丶"，识别码为 43(I)

远：其末笔应取"乙"，识别码为 53(V)

❷ 对于字根"刀、九、力、七"，虽然只有两笔，但一般人的笔顺却常有不同，为了保持一致和照顾直观，规定：凡是这 4 种字根当作"末"笔而又需要识别时，一律用它们向右下角伸得最长最远的笔画"折"来识别。例如，

仇：34 54 51

化：34 55 51

4) 简码

为了提高输入速度，将常用汉字只取前边一个，两个或 3 个字根构成简码。

❶ 一级简码，即高频字，被安排在 11 到 55 的 25 个键位上。

输入方法：击一键加打一空格就可输入一个一级简码汉字。

25 个一级简码如下：

一	11(G)	地	12(F)	在	13(D)	要	14(S)	工	15(A)
上	21(H)	是	22(J)	中	23(K)	国	24(L)	同	25(M)
和	31(T)	的	32(R)	有	33(E)	人	34(W)	我	35(Q)
主	41(Y)	产	42(V)	不	43(I)	为	44(O)	这	45(P)
民	51(N)	了	52(B)	发	53(V)	以	54(C)	经	55(X)

❷ 二级简码。其输入方法：只要击其前两个字根加空格键即可。例如，

吧：口巴 (23, 54, KC)

二级简码共有 25×25=625 个。二级简码表如表 1.5 所示。

表 1.5 二级简码表

	GFDSA	HJKLM	TREWQ	YUIOP	NBVCX
G	五于天末开	下理事画现	玫珠表珍列	玉平不来珲	与屯妻到互
F	二寺城霜载	直进吉协南	才垢圾夫无	坎增示赤过	志地雪支坶
D	三夺大厅左	丰百右历面	帮原胡春克	太磁砂灰达	成顾肆友龙
S	本村枯林械	相查可楞机	格析极检构	术样档杰棕	杨李要权楷
A	七革基苛式	牙划或功贡	攻匠菜共区	芳燕东蒌芝	世节切芭药
H	睛睦睚盯虎	止旧占卤贞	睡睥肯具餐	眩瞳步眯瞎	卢 眼皮此
J	量时晨果虹	早昌蝇曙遇	昨蝗明蛤晚	景暗晃显晕	电最归紧昆
K	呈叶顺呆呀	中虽吕另员	呼听吸只史	嘛啼吵噗喧	叫啊哪吧哟

L	车轩因困轼	四辊加男轴	力斩胃办罗	罚较　辚边	思团轨轻累
M	同财央朵曲	由则迥崭册	几贩骨内凤	凡赠峭　迪	岂邮　风幽
T	生行如条长	处得各务向	笔物秀答称	入科秒秋管	秘季委么第
R	后持拓打找	年提扣押抽	手折扔失换	扩拉朱搂近	所报扫反批
E	且肝胯采肛	胀胆肿肋肌	用遥朋脸胸	及胶膛脒爱	甩服妥肥脂
W	全会估休代	个介保佃仙	作伯仍从你	信们偿伙仁	亿他分公化
Q	钱针然钉氏	外旬名甸负	儿铁角欠多	久勺乐炙锭	包凶争色错
Y	主针庆订度	让刘训为高	放诉衣认义	方说就变这	记离良充率
U	闰半关亲并	让刘训为高	产瓣前闪交	六立冰普帝	决闻妆冯北
I	汪法尖洒江	小浊澡渐没	少泊肖兴光	注洋水淡学	沁池当汉涨
O	业灶类灯煤	粘烛炽烟灿	烽煌粗粉炮	米料炒炎迷	断籽娄烃糯
P	定守害宁宽	寂审宫军宙	客宾家空宛	社实宵灾之	官字安　它
N	怀导居怅民	收慢避惭届	必怕　愉懈	心习悄屡忱	忆敢恨怪尼
B	卫际承阿陈	耻阳职阵出	降孤阴队隐	防联孙耿辽	也子限取陛
V	姨寻姑杂毁	叟旭如舅妞	九姝奶妗婚	妨嫌录灵巡	刀好好妈姆
C	骊对参骠戏	骒台劝观	矣牟能难允	驻骈驼	马邓艰双
X	线结顷缃红	引旨强细纲	张绵级给约	纺弱纱继综	纪弛绿经比

二级简码中的汉字大都是常用汉字，而且使用频率也非常高。上表的二级简码可能要比有些书上多一些，如果是常用汉字系统的五笔字型输入法没有这些二级简码，则为华光排版系统所定义的二级简码。

❸ 三级简码，由单字的前 3 个字根码组成，只要击一个字的前 3 个字根加空格键即可输入。例如，"华"字全码、简码如下：

　　　　全码：人七十＝ 　(34　55　12　22　WXFJ)

　　　　简码：人七十(34　55　12　WXF)

❹ 词汇编码。词汇分为双字词、三字词、四字词和多字词。

双字词的编码：分别取两个字的单字全码中的前两个字根代码，共 4 码组成。例如，

　　　　机器：木几口口　(SMKK)

　　　　汉字：氵又宀子　(ICPB)

三字词的编码：前两个字各取其第一码，最后一个字取其二码，共为 4 码。例如，

　　　　计算机：言竹木几　(YTSM)

四字词的编码：每字各取其第一码，共为 4 码。例如，

　　　　汉字编码：氵宀纟石　(IPXD)

　　　　光明日报：小日日扌　(IJJR)

多字词的编码：按"一、二、三、末"的规则，取第一、二、三及最末一个字的第一码，共为 4 码。例如，

　　　　电子计算机：日子言木　(JBYS)

中华人民共和国：口人人口 （KWWL）

5) 重码和容错码

❶ 重码是指编码相同的字。从输入打字的要求看，键位要尽量少，码长要尽量短，重码要尽量少，这显然不是件容易事。例如，键入"YEU"，屏幕显示：

　　1. 衣 2. 哀

这时可用数字键选择，若需"哀"，则单击数字键"2"即可。

在五笔字型中，为了提高速度，又做了如下处理：

当屏幕编号显示重码时，按字的使用频率高低安排编码，使用频率高的在前。如果用第一个字，只要继续输入下一个字，1号字会自动跳到屏幕光标处(可减少一次数码操作)。

对于两个重码字，把常用的字仍按照常规编码，不常用的字把末码改成为"L"。例如，喜、嘉是FKUK的重码，但输入"嘉"时可输入FKUL。

❷ 容错码是指容易弄错编码的字，允许按错码输入。容错分为笔顺容错、字型容错和软件版本容错3种。

笔顺容错是指书写汉字时，笔顺容易出错。例如，

　　长：丿 七 丶　　　　　(正确码)

　　　　七 丿或 丿 一 丨 (容错码)

字型容错是指对汉字的3种字型(左右、上下、杂合)区分时，容许的错误。例如，

　　右：ナ 口 12 (正确码，应分为上下型)

　　　　ナ 口 13　　　　(容错码，分成杂合型)

软件版本容错是指已熟悉旧版本的输入者，在使用新版本时，使用已改掉了的码作为容错码输入。

1.2 案例分析

例 1.1 计算思维基本方法主要包括抽象和分解方法、启发式方法、递归与并行方法、容错与纠错方法和_____等5种基本方法。

A) 约简、嵌入、转化、建模和仿真方法

B) 嵌入、转化、建模和仿真方法

C) 转化、建模和仿真方法

D) 建模和仿真方法

答：A。

知识点：计算思维的内涵、计算思维方法。

分析：计算思维是运用计算机科学的基本理念进行问题求解、系统设计、人类行为理解等涵盖计算机科学广度的一系列思维活动。计算思维又称构造思维，以设计和构造为特征，以计算机学科为代表。计算思维的核心是计算思维方法，来自数学和工程，以及计算机科学自身。主要有以下5种基本方法。

① 抽象和分解方法。用来解决繁杂的任务或者设计巨大复杂的系统。

② 约简、嵌入、转化、建模和仿真方法。把复杂的、困难的问题用合适的数学语言描述，重新阐释成我们知道怎样解决、容易解决的问题。

③ 启发式方法。利用启发式推理来寻求解答，就是在不确定情况下进行规划、学习和调度的思维方法。

④ 递归、并行方法。由一种(或多种)简单的基本情况定义的一类对象或方法，其他所有情况又都能被还原为其基本情况。一组程序按独立异步的速度执行，大幅提高递归覆效率。

⑤ 容错、纠错方法。按照预防、保护及通过冗余、容错、纠错的方式从最坏情形恢复的思维。

例 1.2 微型计算机系统主要包括：内存储器、输入设备、输出设备和_____。

A) 运算器　　　　B) 控制器　　　　C) 微处理器　　　　D) 主机

答：C。

知识点：计算机硬件系统、冯·诺伊曼原理。

分析：微型计算机硬件系统由微处理器、存储器、输入设备与输出设备组成。微处理器与内存储器合在一起称为主机；运算器和控制器合在一起称为微处理器或中央处理器。

例 1.3 计算机的存储器是一种_____。

A) 运算部件　　　　B) 输入部件　　　　C) 输出部件　　　　D) 记忆部件

答：D。

知识点：存储器。

分析：计算机运算部件负责算术运算和逻辑运算；输入部件用来向计算机输入程序和数据，如键盘为输入部件；输出部件可用来输出程序和数据，如显示器和打印机为输出部件；存储器用来存储程序和数据，属于记忆部件。

例 1.4 在微型计算机的性能指标中，用户可用的内存储器容量通常是指_____。

A) ROM 的容量　　　　　　　　B) RAM 的容量

C) ROM 和 RAM 的容量之和　　　　D) CD-ROM 的容量

答：B。

知识点：计算机性能指标、存储器、ROM、RAM。

分析：ROM 是只读存储器的英文简称，RAM 是随机存储器的英文简称。它们都是内部存储器，分别安装在主机板上的不同位置。ROM 对用户来说只能读不能写，只能由计算机生产厂家用特殊方式写入一些重要软件和数据，如计算机开机自检和启动程序以及服务程序等，它们一旦存入就固定在里面，断电后也不会丢失。RAM 可以由用户随时对其进行读、写操作，它能存储 CPU 工作所需的程序和数据。程序和数据是无限的，但 RAM 的容量是有限的，因此用户只能从外存储器调入 CPU 当时所需的那部分程序和数据，用完一批，再换一批。CPU 根据程序来处理数据，处理完成的结果暂存入 RAM 中。人们常说的可用内存容量就是指 RAM 的容量。

CD-ROM 是只读型光盘的英文简称，其特点也是只能写一次，写好后的数据将永远保存在光盘上。这种光盘非常适合存储百科全书、技术手册、文献资料等数据量庞大的内容。

例 1.5 计算机根据运算速度、存储能力、功能强弱、配套设备等因素可划分为_____。

A) 台式计算机、便携式计算机、膝上型计算机

B) 电子管计算机、晶体管计算机、集成电路计算机

C) 巨型机、大型机、中型机、小型机和微型机

D) 8 位机、16 位机、32 位机、64 位机

答：C。

知识点：计算机分类。

分析：根据计算机所采用的电子元器件的不同，可将计算机划分为电子管计算机、晶体管计算机和集成电路计算机。

随着超大规模集成电路技术的发展，微型计算机进入快速发展时期，计算机技术及其应用进一步普及。微型计算机按字长划分，可分为 8 位机、16 位机、32 位机、64 位机；微型计算机按体积大小划分，可分为台式计算机、便携式计算机、膝上型计算机；计算机根据运算速度、存储能力、功能强弱、配套设备等因素划分，可分为巨型机、大型机、中型机、小型机和微型机。

例 1.6 在下列字符中，其 ASCII 码值最大的一个是_____。

A) Z   B) 9   C) 空格字符   D) a

答：D。

知识点：计算机编码、ASCII 码。

分析：根据 ASCII 码表的安排顺序是：空格字符，数字符，大写英文字符，小写英文字符。所以，在这四个选项中，小写字母 a 的 ASCII 码值是最大的。

例 1.7 微型计算机病毒是指_____。

A) 生物病毒感染   B) 细菌感染

C) 被损坏的程序   D) 特制的具有破坏性小程序

答：D

知识点：计算机病毒的概念。

分析：所谓计算机病毒，是指一种在计算机系统运行过程中能把自身精确地拷贝或有修改地拷贝到其他程序体内的程序。它是人为非法制造的具有破坏性的程序。这与生物病毒或细菌感染毫无关系，只不过是借用其称呼而已。

例 1.8 算法的控制结构一般由_____等 3 种基本控制结构组合而成。

A) 顺序、选择、流程   B) 代码、选择、循环

C) 顺序、选择、循环   D) 变量、顺序、循环

答：C。

知识点：算法的结构。

分析：一个算法的功能不仅取决于所选用的操作，还与各操作之间的执行顺序有关。算法中各操作之间的执行顺序称为算法的控制结构。一个算法一般可以由顺序、选择、循环 3 种基本控制结构组合而成。描述算法的工具有自然语言、传统流程图、问题分析图 N-S 图和伪代码等。

例 1.9 计算机病毒的特点是具有隐蔽性、潜伏性、传播性、激发性和_____。

A) 恶作剧性   B) 入侵性   C) 破坏性   D) 可扩散性

答：C。

知识点：计算机病毒的特征。

分析：一般来说，计算机病毒特征可归纳为以下几个。

① 隐蔽性。病毒是人为制造的短小程序，该程序一般不易被察觉和发现。病毒既然是某些人的恶作剧，因此其编造者也想方设法使它不易被发现。编制病毒程序是一种犯罪行为。

② 潜伏性。病毒具有依附其他媒体而寄生的能力。病毒侵入后，一般不会立即活动，需要等一段时间，可以是几周、几个月甚至于几年，等条件成熟后才发作。

③ 破坏性。凡是由软件手段能触及计算机资源的地方均可受到计算机病毒的破坏。其表现：占有 CPU 运行时间和内存开销，从而造成进程堵塞；对数据或文件进行破坏；扰乱屏幕的显示等。计算机病毒可以中断一个大型计算机中心的正常工作或使一个计算机网络处于瘫痪状态，从而造成灾难性的后果。

④ 传染性。对绝大多数计算机病毒来讲，传染性是一个重要特征。源病毒可以是一个独立的程序体，具有很强的再生机制，它通过修改别的程序把自己拷贝进去，从而达到扩散的目的。

⑤ 激发性。在一定的条件下，通过外界刺激可使病毒程序活跃起来。激发的本质是一种条件控制。根据病毒制造者的设定，例如，在某个时间或日期、特定的用户标识符的出现、特定文件的出现或使用，用户的安全保密等级或者一个文件使用的次数等，均可使病毒体激活并发起攻击。

例 1.10 下列几个不同数制的整数中，最大的一个是_____。

A) $(1001001)_2$　　　　B) $(77)_8$　　　　C) $(70)_{10}$　　　　D) $(5A)_{16}$

答：D。

知识点：数制、不同进制之间的换算。

分析：进行不同进制数的大小比较时，首先应将它们转换为相同进制的数，然后进行大小比较。

因为：$(1001001)_2 =(73)_{10}$，$(77)_8=(63)_{10}$，$(5A)_{16}=(90)_{10}$。

1.3　强化训练

一、选择题

1. 计算思维的本质是_____。

A) 算法和系统　　　　　　　　B) 社会计算和自然计算
C) 程序和递归　　　　　　　　D) 抽象和自动化

2. 三大科学思维包括_____。

A) 理论思维、实证思维和计算思维　B) 抽象思维、实证思维和计算思维
C) 理论思维、实证思维和抽象思维　D) 理论思维、计算思维和抽象思维

3. 关于算法与程序的描述，正确的是_____。

A) 算法不等于程序，属于计算机方法，程序的编制不可能优于算法的设计

B) 算法不等于程序，也不等于计算机方法，程序的编制不可能优于算法的设计

C) 算法不等于计算机方法，程序的编制优于算法的设计

D) 算法本质就是程序

4. 下列①确定性，②有穷性，③可行性，④输入和⑤输出这五项中，是算法基本特征的是_____。

A) ①②④⑤　　　　　　　B) ①②③⑤

C) ①②③④⑤　　　　　　D) ①②③

5. 计算机的发展阶段通常是按计算机所采用的_____。

A) 内存容量　　　B) 物理器件　　　C) 程序设计语言　　　D) 操作系统

6. 第一台电子计算机使用的逻辑部件是_____。

A) 集成电路　　　　　　　B) 大规模集成电路

C) 晶体管　　　　　　　　D) 电子管

7. 第四代计算机的主要元器件采用的是_____。

A) 晶体管　　　　　　　　B) 小规模集成电路

C) 电子管　　　　　　　　D) 大规模和超大规模集成电路

8. 个人计算机简称 PC 机，这种计算机属于_____。

A) 微型计算机　　　B) 小型计算机　　　C) 巨型计算机　　　D) 超级计算机

9. 计算机的主要特点是_____。

A) 运算速度快、性能价格比低、程序控制

B) 运算速度快、存储容量大、性能价格比低

C) 运算速度快、自动控制、可靠性高

D) 功能全、体积小、性能价格比低

10. 计算机的应用十分广泛，包括科学计算、计算机辅助工程、自动控制、计算机网络、办公自动化、电子商务、_____等。

A) 数据处理和人工智能　　　　B) 数据处理和系统管理

C) 逻辑模拟和人工智能　　　　D) 语音识别和图像识别

11. 计算机系统由_____组成。

A) 主机和系统软件　　　　　　B) 硬件系统和应用系统

C) 硬件系统和软件系统　　　　D) 微处理器和系统软件

12. WPS、Word 等字处理软件属于_____。

A) 管理软件　　　B) 网络软件　　　C) 应用软件　　　D) 系统软件

13. 1946 年首台电子数字计算机 ENIAC 问世后，冯·诺依曼(Von Neumann)在研制 EDVAC 计算机时，提出两个重要改进，它们是_____。

A) 引入 CPU 和内存储器概念　　B) 采用机器语言和十六进制

C) 采用二进制和存储程序控制概念　D) 采用 ASCII 编码系统

14. 冯·诺依曼式计算机硬件系统的组成部分包括_____。

A) 运算器、外部存储器、控制器和输入输出设备

B) 运算器、控制器、存储器和输入输出设备

C) 电源、控制器、存储器和输入输出设备

D) 运算器、放大器、存储器和输入输出设备

15. 系统总线包括_____与控制线三种。

A) 数据线、地址线   B) 数据线、逻辑线

C) 接口线、逻辑线   D) 接口线、地址线

16. 系统总线中，数据线传送信息,地址线指出信息的来源和目的地，控制线规定总线的动作，一切都是_____负责指挥。

A) 总线控制设备   B) 总线控制逻辑   C) 系统本身   D) CPU

17. CPU 的指令系统以称为_____。

A) 汇编语言   B) 机器语言   C) 符号语言   D) 程序设计语言

18. 计算机或以直接识别和执行的语言是_____。

A) 机器语言   B) 汇编语言   C) 高级语言   D) 数据库语言

19. 汇编语言是一种_____。

A) 依赖于计算机低档程序设计语言

B) 计算机能直接执行程序设计语言

C) 独立于计算机高档程序设计语言

D) 面向问题程序设计语言

20. 配置高速缓冲存储器(Cache)是为了解决_____。

A) 内存与辅助存储器之间速度不匹配问题

B) CPU 与辅助存储器之间速度不匹配问题

C) CPU 与内存储器之间速度不匹配问题

D) 主机与外设之间速度不匹配问题

21. 下列关于存储器的叙述中正确的是_____。

A) CPU 能直接访问存储在内存中的数据，也能直接访问存储在外存中的数据

B) CPU 不能直接访问存储在内存中的数据，能直接访问存储在外存中的数据

C) CPU 只能直接访问存储在内存中的数据，不能直接访问存储在外存中的数据

D) CPU 既不能直接访问存储在内存中的数据，也不能直接访问存储在外存中的数据

22. 运算器的主要功能是_____。

A) 实现算术运算和逻辑运算   B) 保存各种指令信息供系统其他部件使用

C) 分析指令并进行译码   D) 按主频的频率定时发出时钟脉冲

23. 在计算机中，每个存储单元均有一种持续编号，此编号称为_____。

A) 地址   B) 位置号   C) 门牌号   D) 房号

24. 计算机硬件的五大基本构件包括：运算器、存储器、输入设备、输出设备和_____。

A) 显示器   B) 控制器   C) 磁盘驱动器   D) 鼠标器

25. _____设备既是输入设备，又是输出设备。

A) 键盘   B) 打印机   C) 硬盘   D) 显示器

26. 下列 4 种设备中，属于计算机输出设备的是_____。

A) 扫描仪　　　　　　B) 键盘　　　　　　C) 绘图仪　　　　　　D) 鼠标

27. 下面属于输入设备的是_____。

A) 绘图仪　　　　　　B) 打印机　　　　　　C) 显示器　　　　　　D) 键盘

28. 微型计算机存储系统中，PROM 是_____。

A) 可读写存储器　　　　　　　　　B) 动态随机存取存储器

C) 只读存储器　　　　　　　　　　D) 可编程只读存储器

29. 在计算机领域通常用 MIPS 来描述_____。

A) 计算机的运算速度　B) 计算机的可靠性

C) 计算机的可运行性　　D) 计算机的可扩充性

30. 若正在编辑某个文件时突然停电，则_____中的信息将全部丢失。

A) RAM 和 ROM　　B) RAM　　　　C) ROM　　　　D) 硬盘或软盘

31. 在计算机中信息储存的最小单位是_____。

A) 字节　　　　　　　B) 字长　　　　　　C) 字段　　　　　　D) 位

32. 在计算机中通常以_____为单位传送信息。

A) 位　　　　　　　　B) 字　　　　　　　C) 字节　　　　　　D) 双字

33. 存储容量 1GB 等于_____。

A) 1024B　　　　　　B) 1024KB　　　　　C) 1024TB　　　　　D) 1024MB

34. 假设某台式计算机内存储器容量为 128MB，硬盘容量为 10GB。硬盘容量是内存容量的_____。

A) 40 倍　　　　　　B) 60 倍　　　　　C) 80 倍　　　　　D) 100 倍

35. 20GB 硬盘表达容量约为_____。

A) 20 亿个字节　　　　　　　　　B) 20 亿个二进制位

C) 200 亿个字节　　　　　　　　D) 200 亿个二进制位

36. 在 CD 光盘上标记有"CD-RW"字样，"RW"标记表示该光盘是_____。

A) 只能写入一次，可以重复读出一次性写入光盘

B) 可多次擦写型光盘

C) 只能读出，不能写入只读光盘

D) 其驱动单倍速为 1350KB/s 高密度可读写光盘

37. 计算机的软件系统可分为_____。

A) 程序和数据　　　　　　　　　　B) 操作系统和语言处理系统

C) 程序、数据和文档　　　　　　　D) 系统软件和应用软件

38. 在①字处理软件，②Linux，③UNIX，④学籍管理系统，⑤Windows 7 和⑥Office 这 6 个软件中，属于系统软件的是_____。

A) ①②③　　　　　　B) ②③⑤　　　　　C) ①②③⑤　　　　D) 所有都不是

39. 为解决某一特定问题而设计的指令序列称为_____。

A) 文档　　　　　　　B) 语言　　　　　　C) 程序　　　　　　D) 系统

40. 下列关于 ASCII 编码论述中，正确的是_____。

A) 一种字符原则上 ASCII 码占一个字节，其最高二进制位总为 1

B) 所有大写英文字母 ASCII 码值都不大于小写英文字母"a"的 ASCII 码值

C) 所有大写英文字母 ASCII 码值都不小于小写英文字母"a"的 ASCII 码值

D) 原则上 ASCII 码表有 256 个不同字符编码

41. 在微型计算机中,应用最普遍的字符编码是_____。

A) ASCII 码　　　　B) BCD 码　　　　C) 汉字编码　　　　D) 补码

42. 下列字符中,其 ASCII 码值最大的是_____。

A) 9　　　　　　　　B) D　　　　　　　　C) a　　　　　　　　D) y

43. 在下列字符中,其 ASCII 码值最小的是_____。

A) 空格字符　　　　B) 0　　　　　　　　C) A　　　　　　　　D) a

44. 与十进制数 100 等值的二进制数是_____。

A) 0010011　　　　B) 1100010　　　　C) 1100100　　　　D) 1100110

45. 执行二进制算术加运算 11001001+00100111,其运算结果是_____。

A) 11101111　　　　B) 11110000　　　　C) 00000001　　　　D) 10100010

46. 16 个二进制位可表示整数的范围是_____。

A) 0～65535　　　　　　　　　　　B) -32768～32767

C) -32768～32768　　　　　　　　D) -32768～32767 或 0～65535

47. 与十进制数 291 等值的十六进制数为_____。

A) 123　　　　　　　B) 213　　　　　　　C) 231　　　　　　　D) 132

48. 无符号二进制整数 111110 转换成十进制数是_____。

A) 62　　　　　　　　B) 60　　　　　　　C) 58　　　　　　　D) 56

49. 以下数中,最小的是_____。

A) (1000101)$_2$　　　B) (63)$_{10}$　　　C) (111)$_8$　　　D) (4A)$_{16}$

50. 微机中 1MB 表示的二进制位数是_____。

A) 1024×1024×8　　B) 1024×8　　　C) 1024×1024　　　D) 1024

51. 若在一个非零无符号二进制整数右边加两个零形成一个新的数,则新数的值是原数值的_____。

A) 四倍　　　　　　B) 二倍　　　　　C) 四分之一　　　D) 二分之一

52. 一种字长为 5 位无符号二进制数能表达十进制数值范畴是_____。

A)1～32　　　　　　B)0～31　　　　　　C)1～31　　　　　　D)0～32

53. 按 16×16 点阵存放国标 GB2312-80 中一级汉字(共 3755 个)的汉字库,大约需占存储空间_____。

A) 1MB　　　　　　B) 512KB　　　　　C) 256KB　　　　　D) 128KB

54. 以下描述错误的是_____。

A) 位图图像由数字阵列信息组成,阵列中的各项数字用来描述构成图像的各个点(称为像素)和亮度和颜色等信息

B) 矢量图中用于描述图形内容的指令可描述构成该图形的所有直线、圆、圆弧、矩形、曲线等图元的位置、维数和形状

C) 矢量图不会因为放大而产生马赛克现象

D) 位图图像放大后，表示图像内容和颜色的像素数量相应增加

55. 多媒体技术的主要特性有_____。

A) 多样性

B) 多样性、集成性

C) 多样性、集成性、交互性、同步性

D) 多样性、集成性、交互性、同步性和易扩展性

56. 计算机病毒可以使整个计算机瘫痪，危害极大。计算机病毒是_____。

A) 计算机系统自生的 B) 一种人为编制的计算机程序

C) 主机发生故障时产生的　　　　　　　D) 可传染疾病给人体的那种病毒

57. 发现计算机病毒后最彻底的消除方式是_____。

A) 用查毒软件处理　　　　　　　　B) 删除磁盘文件

C) 用杀毒药水处理　　　　　　　　D) 格式化磁盘

58. 下列选项中，不属于计算机病毒特点的是_____。

A) 破坏性　　　　B) 潜伏性　　　　C) 传染性　　　　D) 免疫性

59. 信息安全是指需保证信息的_____、未授权拷贝和所寄生系统的安全性。

A) 保密性、真实性、完整性　　　　B) 普遍性、共享性、增值性

C) 保密性、共享性、增值性　　　　D) 普遍性、真实性、完整性

60. _____是指利用各种形式，故意获取、泄露或破坏系统中的机密信息，以及危害系统实体和信息安全的不法行为。

A) 破坏公共财物　　B) 破坏他人财产 C) 计算机犯罪　　D) 故意伤害他人

二、填空题

1. 计算思维是运用计算机科学的基本理念进行_____、_____、_____等涵盖计算机科学广度的一系列思维活动，是一种_____的思考方式。

2. 计算思维的特征是_____和_____，本质是_____和_____。

3. 算法的两个基本要素是_____和_____。

4. 一个算法一般可以由_____、_____、_____三种基本控制结构组合而成。

5. 计算机软件主要分为_____和_____。

6. 组成第二代计算机的主要元件是_____。

7. 存储器一般可以分为_____和_____两种。

8. 内存储器按工作方式可分为_____和_____两类。

9. 目前微型计算机中常用的鼠标有_____和_____两类。

10. 在计算机中，Intel Core i7 通常指的是_____的型号。

11. 打印机的工作方式可分为_____、_____、_____和_____四类。

12. _____是沟通主机和外部音频设备的通道。

13. 一个二进制整数从右向左数第八位上的 1 相当于_____的_____次方。

14. 表示 7 种状态至少需要_____位二进制码。

15. 十六进制数 F 所对应的二进制数是_____。

16. 已知字符"A"的 ASCII 码为 65，则"F"的 ASCII 码值为_____。

17. 十进制数 87 转换成二进制数是_____。

18. 文本、图形、_____、_____、视频、动画等信息载体中的两种或两种以上媒体构成了多媒体。

19. 计算机病毒具有_____、_____、_____、_____和_____等特点。

20. 计算机能直接识别和执行的语言是_____。

三、操作题

1. 查看一下你的计算机配置情况，查看你计算机中所安装的软件。

2. 查找资料，了解什么是计算机发展过程中的"摩尔定律"。

3. 试写出下列文字的五笔字型编码和智能 ABC 的编码。

画；垢；赠；甩；乙；缃；高级；计算机；光明日报；中华人民共和国

4. 将十进制数 357.96 分别转换为二进制数、八进制数、十六进制数；将二进制数 111010011010110 分别转换为八进制数、十六进制数。

5. 下载一款打字软件，安装后再找一篇科技论文作为测试材料，测试一下你的打字速度，看看每分钟能否达到 40 个汉字以上。

6. 在你的计算机上安装一种杀毒软件，并将其病毒库更新为最新的，然后扫描所有的硬盘，看看是否有病毒，如果有，则立即进行杀毒处理。

1.4 参考答案

一、选择题

1～5.DABCB   6～10.DDACA   11～15.CCCBA   16～20.DBAAC

21～25.CAABC   26～30.CDDAB   31～35.DADCC   36～40.BDBCB

41～45.ADACB   46～50.DAABA   51～55.ABDDD   56～60.BADAC

二、填空题

1. 问题求解、系统设计、人类行为理解，解决问题

2. 设计、构造；抽象、自动化

3. 数据对象的运算和操作、算法的控制结构

4. 顺序、选择、循环   5. 系统软件、应用软件   6. 晶体管

7. 内存储器、外存储器   8. 随机存储器(RAM)、只读存储器(ROM)

9. 机械式鼠标、光电式鼠标   10. CPU

11. 激光打印机、喷墨式打印机、针式打印机、点阵打印机

12. 声卡   13. 2、7 (说明：次序不能颠倒)

14. 3   15. 1111

16. 69   17. 1010111

18. 图像,音频

19. 寄生性、传染性、潜伏性、破坏性、隐蔽性、可触发性、非授权性、针对性、主动性 (说明：可任填 5 个)

20. 机器语言

三、操作题

1. 操作步骤如下。

❶ 用鼠标右键单击"开始"按钮，在右键快捷菜单中单击"控制面板"命令。

❷ 打开"控制面板"窗口，单击"系统和安全"选项，显示"系统和安全"窗口。

❸ 在"系统和安全"窗口单击"系统"选项，即可查看计算机的配置情况。

❹ 在"系统和安全"窗口左侧单击"程序"选项，显示"程序"窗口。

❺ 在"程序"窗口右侧单击"程序和功能"选项，即可查看计算机中所安装的软件。

2. 答题要点如下。

❶ 人物、时间。摩尔定律是由英特尔(Intel)创始人之一戈登·摩尔(Gordon Moore)于 1965 年 4 月提出来的。

❷ 定律内容。当价格不变时，集成电路上可容纳的元器件数目每隔 18～24 个月便会增加一倍，性能也将提升一倍。1975 年，在 IEEE 国际电子组件大会上，摩尔把"每年增加一倍"修改为"每两年增加一倍"。

❸ 定律验证。摩尔定律是对计算机芯片发展趋势的一种分析预测。从计算机的三大要素：微处理器芯片、半导体存储器和系统软件来考察摩尔定律是正确的。

❹ 摩尔定律正在失效。随着技术的进步，当传统硅材料芯片上线条的宽度达到纳米数量级时，材料的物理、化学性能将发生质的变化，采用现行工艺的半导体器件不能正常工作。

❺ 技术突破。碳纳米管芯片符合了摩尔定律。

3. 文字的五笔字型编码和智能 ABC 的编码如下：

字词	五笔字型编码	智能 ABC 编码(音形)
画	GLBJ	HUA1
垢	FRGK	GOU7
赠	MULJ	ZENG2
甩	ENV	SHUAI3
乙	NNLL	YI6
缃	XSHG	XIANG6
高级	YMXE	GAOJ6
计算机	YTSM	JSJ7
光明日报	IJJR	GMRB1
中华人民共和国	KWWL	Z2H3R3G1H3G8

4. $(357.96)_{10}=(101100101.1111)_2$

$(357.96)_{10}=(545.7532)_8$

$(357.96)_{10}=(165.F5C2)_{16}$

$(111010011010110)_2=(72326)_8$

$(111010011010110)2=(74D6)_{16}$

5. 略。

6. 略。

第2章 操作系统的功能和使用

2.1 案例实验

实验一 Windows 基本操作

【实验目的】

(1) 熟练掌握鼠标的使用技巧。

(2) 学会设置"开始"菜单、"任务栏"的方法。

(3) 掌握设置或修改系统日期和时间的方法。

(4) 掌握加快计算机启动速度的方法。

(5) 学会使用"远程协助"寻求帮助的方法。

任务1 鼠标的使用

教师引导学生科学地使用鼠标。学生练习灵活地使用鼠标的左、中、右3个按键,进行指向、单击、单击右键、双击、拖曳操作。较熟练后,使用拖曳方法移动文件。

❶ 在"Windows 资源管理器"窗口的导航窗格中单击"文档"库,内容窗格中即显示"文档库"中的文件和文件夹。

❷ 如有必要,可向下移动导航窗格滚动条至合适位置。

❸ 在"文档库"中,通过按下鼠标左键并拖曳来选择相邻的3个文件(见图2.1中虚线框

图 2.1 拖曳鼠标以便选中文件

内的文件),选中后释放鼠标,被选中的文件有浅蓝色矩形框。

❹ 按下鼠标左键,拖曳被选中的 3 个文件至导航窗格中的"迅雷下载",如图 2.2 所示。当"迅雷下载"图标有浅蓝色矩形框时,表示被选中。图 2.2 显示有 3 个文件被复制到"迅雷下载"。

图 2.2　拖曳鼠标移动文件

❺ 释放鼠标,完成文件移动。这时,被选中的 3 个文件移动到了"迅雷下载"中。这里,读者需要思考:这 3 个文件在"文档库"中是否还存在?为什么?

任务 2　个性化桌面背景

1. 修改 Windows 7 的登录背景

要改变 Windows 7 系统的登录背景,应先准备一张格式为 JPG 且大小不超过 256KB 的图片。同时,不同版本的 Windows 7 系统,操作方法也不相同。因此如果要更换计算机的登录背景,一定要先查看自己的 Windows 7 系统是家庭高级版或专业版、企业版,还是旗舰版。本方法只适用于 Windows 7 旗舰版。

❶ 用鼠标右键单击"计算机",在快捷菜单中单击"属性"。或者,在"开始"菜单中的搜索框中输入"winver"并按 Enter 键,即可查看 Windows 7 的详细版本号,如图 2.3 所示。

❷ 按 Win+R 键,或在"开始"菜单中打开"运行"对话框,在"打开"文本框中输入"gpedit.msc",单击"确定"按钮。或者,在"开始"菜单的搜索框中输入"gpedit.msc",按 Enter 键,打开"本地组策略编辑器"窗口。先在左侧窗格中依次单击"计算机配置"、"管理模板"、"系统"、"登录"选项,再在右侧窗格中双击"总是用经典登录"选项,打开"总是用经典登录"窗口,如图 2.4 所示。

图 2.3 Windows 的版本号

图 2.4 "总是用经典登录"窗口

❸ 选中"已启用"单选按钮，依次单击"应用"按钮、"确定"按钮，关闭"总是用经典登录"窗口，再关闭"本地组策略编辑器"窗口。

❹ 打开 Windows 资源管理器，在地址栏中输入" C:\Windows\System32\oobe\info\backgrounds"，然后将事先准备好的 JPG 格式的图片重命名为"backgrounddefault.jpg"，复制到这里即可替代原来的文件。

2. 实现桌面背景的自动更换

❶ 用鼠标右键单击桌面空白处，在快捷菜单中选择"个性化"命令，打开"个性化"窗口，单击"桌面背景"超链接，打开"桌面背景"窗口，如图 2.5 所示。

图 2.5　"桌面背景"窗口

❷ 按住 Ctrl 键，选择需要设置为桌面背景的图片。

❸ 设置时间间隔与桌面图片的播放模式，单击"保存修改"按钮。

3. 优化桌面动画效果

❶ 用鼠标右键单击桌面上的"计算机"图标，在快捷菜单中选择"属性"命令，打开"系统"对话框。

❷ 在窗口左侧单击"高级系统设置"超链接，打开"系统属性"对话框。

❸ 如图 2.6 所示，单击"高级"选项卡，在"性能"选项组中单击"设置"按钮。

图 2.6　"系统属性"对话框

❹ 打开"性能选项"对话框，如图 2.7 所示。单击选择"视觉效果"选项卡，选中"自定义"单选钮，在列表中取消"在最大化和最小化时动态显示窗口"复选框，单击"确定"按钮。

图 2.7　"性能选项"对话框

任务3　个性化"开始"菜单

1. 将程序添加到"开始"菜单固定程序区域

将一个程序(如 Word)添加到"开始"菜单的已有固定程序区域。

❶ 单击"开始"按钮，显示"开始"菜单，指向"所有程序"。

❷ 在程序列表中，找到 Word，用鼠标右键单击它。

❸ 在图 2.8 所示的快捷菜单中单击"附到「开始」菜单"命令项即可。

单击"开始"按钮，显示"开始"菜单，发现"Word"程序已显示在"开始"菜单的已固定程序区域了。

图 2.8　命令项的鼠标右键快捷菜单

2. 利用对话框个性化"开始"菜单

利用"自定义「开始」菜单"对话框个性化"开始"菜单。

❶ 用鼠标右键单击"开始"按钮，在弹出的快捷菜单上单击"属性"命令，如图 2.9 所示。

图 2.9　"开始"按钮的鼠标右键快捷菜单

❷ 打开"任务栏和「开始」菜单属性"对话框，如图 2.10 所示。用户可在该对话框中选择"电源按钮操作"方式(关机、切换用户、注销、锁定、重新启动、睡眠)和"隐私"策略。

图 2.10　"任务栏和「开始」菜单属性"对话框

❸ 单击图 2.10 中的"自定义"按钮,打开"自定义「开始」菜单"对话框,如图 2.11 所示。用户可在该对话框按自己的喜好进行设置。

图 2.11 "自定义「开始」菜单"对话框

❹ 设置完成后,单击"确定"按钮,关闭对话框。

任务 4 个性化"任务栏"

❶ 更改任务栏按钮的顺序。用鼠标将任务栏按钮拖到理想的位置即可。

❷ 用鼠标右键单击"任务栏"的空白区,再单击"属性"命令,显示"任务栏和「开始」菜单属性"对话框的"任务栏"选项卡,如图 2.12 所示。在该对话框中,可以更改任务栏按钮的大小、外观和分组。

◆ 使用小图标:如果要减少任务栏按钮的高度,就选择"使用小图标"前面的复选框。

◆ 任务栏按钮:"任务栏按钮"的默认设置为"始终合并、隐藏标签",这个设置会阻止显示标签(窗口标题),Windows 总是将一个应用程序的多个窗口合并成一个任务栏按钮。如果选择"当任务栏被占满时合并",每个窗口就都会有自己的任务栏按钮,直到任务栏变得过于拥挤,Windows 才会将一个程序的多个窗口合并成单个任务栏按钮。如果选择"从不合并",打开的窗口越多,每个任务栏按钮的大小就会越来越小。

❸ 如果要更改通知区域中某个项目的行为,则在图 2.12 中单击"通知区域"中的"自定义"按钮(或者在任务栏上的通知区域单击上箭头▲,打开隐藏的通知区域,再选择"自定义"),显示"通知区域图标"控制面板,如图 2.13 所示。

图 2.12　设置任务栏

图 2.13　"通知区域图标"控制面板

❹　单击要改变项目行为的下拉按钮，根据需要选择一个行为的"显示图标和通知"或"隐藏图标和通知"或"仅显示通知"，完成更改后，单击"确定"按钮。

❺　如果要改变任务栏的大小，可先用鼠标右键单击任务栏上的任意空白区域，在弹出的快捷菜单上去掉"锁定任务栏"前的小勾(如果没有小勾，则表示任务栏被解锁了)，再用鼠标对准任务栏的上边框，当鼠标指针变成双向箭头时，按下鼠标左键上下拖动就可改变任务栏的

大小。

❻ 如果要移动任务栏，可先按上述方法解锁任务栏，然后用鼠标拖动任务栏到理想的位置。

任务 5　修改系统日期和时间

❶ 用鼠标右键单击通知区域的日期和时间图标，在如图 2.14(a)所示的快捷菜单中单击"调整日期/时间"命令，显示如图 2.14(b)所示的"日期和时间"对话框。或者，用鼠标左键单击通知区域的日期和时间图标，再在日期和时间面板中选择"更改日期和时间设置"，也可以打开该对话框。

(a) 快捷菜单　　　　　　　　(b)"日期和时间"对话框

图 2.14　修改系统日期和时间

❷ 在"日期和时间"标签中，单击"更改日期和时间"按钮，显示"日期和时间设置"对话框。在"日期"区域，选择正确的月份和日期；在"时间"区域内的时间框中，用微调按钮(上下箭头)改变时间，或直接修改时间。单击"日历设置"，可自定义日期和时间格式。

❸ 在"附加时钟"标签中，还可以再添加两个不同时区的时钟。

❹ 设置完成后，单击"确定"按钮，关闭对话框。任务栏上的时间就会改变，显示新的时间，用鼠标指向时钟显示新日期屏幕提示。

任务 6　提高窗口切换速度

❶ 用鼠标右键单击桌面上"计算机"，在快捷菜单中选择"属性"命令。在打开的窗口中单击左下角的"性能信息和工具"超链接。

❷ 如图 2.15 所示，在打开的"性能信息和工具"窗口中单击左侧的"调整视觉效果"超链接，打开"性能选项"对话框，单击"视觉效果"选项卡。

图 2.15　"桌面背景"窗口

❸ Windows 7 系统默认显示所有的视觉特效，用户可以在这里自定义显示部分效果，从而提升系统速度。

❹ 取消选中列表最后的"在最大化和最小化时动态显示窗口"复选框。

任务 7　提升 Windows 7 系统启动速度

❶ 在 Windows 7 系统的"开始"菜单的搜索框中输入"msconfig"，按 Enter 键，打开"系统配置"对话框，单击"引导"选项卡，如图 2.16 所示。

图 2.16　"系统配置"对话框

❷ 单击"高级选项"按钮，打开"引导高级选项"对话框，如图 2.17 所示，选中"处理

器数"复选框和"最大内存"复选框，并将两者的数值调整为最大值，单击"确定"按钮。

图 2.17　"引导高级选项"对话框

❸ 如图 2.18 所示，打开"系统配置"对话框，单击"重新启动"按钮，使设置生效。想要确切知道节省的时间，可以先记录下之前开机时所用时间，然后做详细比较。

图 2.18　"系统配置"对话框

任务 8　使用"轻松连接"请求协助

在教师配合下，使用"轻松连接"请求协助，其操作步骤如下。

❶ 通过以下 4 种方式打开如图 2.19 所示的"Windows 远程协助"对话框。

◆ 在"开始"菜单中选择"所有程序"→"维护"→"Windows 远程协助"。

◆ 在"开始"菜单的搜索框中输入"远程"，然后单击结果列表中的"Windows 远程协助"(不要单击"远程桌面连接")。

◆ 在任何命令行(包括"开始"菜单的搜索框)中输入"msra"。

◆ 在"Windows 帮助和支持"中单击"询问"，再单击"Windows 远程协助"链接。

❷ 在"Windows 远程协助"窗口中，单击"邀请信任的人帮助您"。

❸ 如果以前用过"轻松连接"功能，下一个对话框会显示上一个会话是在什么时候跟谁发生的，单击这个链接即可重新连接。如果想建立一个新连接，则单击"请求某个人帮助您"。

图 2.19 "Windows 远程协助"对话框

❹ 如果选择设置一个新连接,"Windows 远程协助"就会生成一个由字母和数字组成的 12 位密码,并将这个密码以电话、电子邮件或者即时通信的方式传给帮助者。

"新手"用"轻松连接"邀请了"专家"后,"专家"要执行以下几步操作。

❶ 打开"Windows 远程协助"。

❷ 单击"帮助邀请人"。

❸ 单击"帮助某个新人"(如果想重新建立以前的一个连接,直接从列表中选择连接即可)。

❹ 单击"使用轻松连接"。

❺ 输入 12 位密码 (密码不区分大小写)。

实验二 文件管理的操作

【实验目的】

(1) 掌握选定文件或文件夹的方法和技巧。

(2) 掌握文件或文件夹重命名的方法和技巧。

(3) 掌握查看、添加或更改文件或文件夹属性的方法。

(4) 掌握将文件包含到库或从库中删除文件的方法。

(5) 掌握创建虚拟硬盘的方法。

任务 1 选定文件或文件夹

1. 选定单个文件或文件夹

用鼠标单击所要选定的文件或文件夹,显示为带浅蓝色的底色和边框,即为完成选择。

2. 选定多个连续的文件或文件夹

❶ 单击所要选定的第一个文件或文件夹。

❷ 按住 Shift 键不放，单击最后一个文件或文件夹。

❸ 松开 Shift 键，完成连续的文件或文件夹的选择。

若用键盘操作，则步骤如下：用方向键移动光标到所要选定的第一个文件或文件夹上，然后按住 Shift 键不放，用方向键移动光标到最后一个文件或文件夹上。

3. 选定多个不连续的文件或文件夹

❶ 单击所要选定的第一个文件或文件夹。

❷ 按住 Ctrl 键不放，单击其余的要选定的文件或文件夹。

❸ 松开 Ctrl 键，完成不连续的文件或文件夹的选择。

4. 选定全部文件或文件夹

❶ 在"Windows 资源管理器"中，用鼠标单击选定要操作的"内容"窗格。

❷ 在工具栏上单击"组织"，然后单击"全选"。或者，按"Ctrl + A"键。

这时，在"内容"窗格中的所有对象全部被选中。如果要从选择中排除一个或多个项目，则按住 Ctrl 键，然后单击这些项目。

5. 使用复选框选择多个文件或文件夹

❶ 依次单击"开始""控制面板""外观和个性化"，再单击"文件夹选项"，打开"文件夹选项"对话框。或者，单击工具栏上的"组织"，再单击"文件夹和搜索选项"，也可以打开"文件夹选项"对话框。

❷ 单击"查看"选项卡。

❸ 在"高级设置"列表中，选中"使用复选框以选择项"复选框，单击"应用"按钮，最后单击"确定"按钮。

❹ 用鼠标指向"Windows 资源管理器"的内容窗格中的文件或文件夹时，项目的左侧或左上角(与使用的视图有关)会出现复选框，单击即可选中它，如图 2.20 所示。

图 2.20 文件和文件夹被选中时的形态

任务 2 建立文件或文件夹

❶ 要建立文件夹，可执行以下操作。

◆ 在"Windows 资源管理器"的导航窗格中，选定将要建立文件夹所在的文件夹。

◆ 在工具栏上单击"新建文件夹"。输入文件夹名称，按 Enter 键。

❷ 如果要新建文件或文件夹，则用鼠标右键单击内容窗格的空白区域，弹出如图 2.21 所示的快捷菜单，用鼠标指向"新建"。

图 2.21 用快捷菜单建立文件或文件夹

❸ 如果要建立文件夹，则单击"文件夹"；如果要建立文件，则要选择建立的文件类型。

❹ 窗口中将出现带临时名称的文件或文件夹，键入新文件或文件夹的名称，按 Enter 键或用鼠标左键单击其他任何地方。

任务 3 重命名文件或文件夹

❶ 在"Windows 资源管理器"的内容窗格中单击要重命名的文件或文件夹。

❷ 在工具栏上单击"组织"菜单，再单击"重命名"命令。或者，用鼠标右键单击要重命名的文件或文件夹，从弹出快捷菜单中选择"重命名"命令，如图 2.22 所示。

图 2.22 "重命名"文件或文件夹

这时，文件或文件夹名呈反白显示，如 。用鼠标连续两次单击文件或文件夹名也可使其反白显示。

❸ 直接键入新名称，然后按 Enter 键或用鼠标单击其他空白处。

任务 4　文件或文件夹属性的操作

1. 查看或更改文件或文件夹的属性

❶ 选定要查看或更改属性的文件或文件夹。

❷ 在"组织"菜单或快捷菜单中选择"属性"命令，打开如图 2.23 所示的对话框(文件和文件夹属性对话框有所不同，不同的文件的属性对话框又略有不同，请注意观察)。

　　　(a) "上机练习.docx"文件属性　　　　　(b) "西藏风光"文件夹属性

图 2.23　文件和文件夹属性对话框

❸ 在"常规"选项卡中，显示了以下的信息：类型、位置、大小、占用空间、创建时间、修改时间、访问时间、属性(只读、隐藏)。

❹ 在"属性"栏中更改属性。如果将文件或文件夹的属性改成"隐藏"，则在"Windows 资源管理器"中不显示出来；如果文件或文件夹具有"只读"属性，则删除时需要附加确认，从而减小了因误操作而将文件删除的可能性。

❺ 在"安全"选项卡中，可更改文件或文件夹的修改权限。

❻ 在更改了属性以后，如果单击"应用"按钮，则不关闭对话框就可使所进行的操作有效；如果单击"确定"按钮，则关闭对话框并保留更改。

2. 在细节窗格中添加或更改文件常见属性

❶ 打开包含要更改的文件的文件夹，然后单击文件。

❷ 在"Windows 资源管理器"的细节窗格中,在要添加或更改的属性旁单击,键入新的属性(或更改该属性),然后单击"保存"按钮,如图 2.24 所示。

图 2.24 在细节窗格中添加或更改文件属性

❸ 若要添加多个属性,则应使用分号将每个项目分隔开。若要对视频、图片文件使用分级属性对文件进行分级,则单击要应用的代表分级的星星。

3. 添加或更改细节窗格中未显示的文件属性

❶ 打开包含要更改的文件的文件夹。

❷ 用鼠标右键单击该文件,然后单击"属性";或者先选中该文件,再在工具栏上单击"组织",最后单击"属性"。

❸ 在"属性"对话框中,单击"详细信息"选项卡,如图 2.25 所示。

图 2.25 文件"属性"对话框的"详细信息"

❹ 在"值"下,在要添加或更改的属性旁单击,键入字词或短语,然后单击"确定"按钮。如果"值"下的部分显示为空,在该位置单击,将会显示一个框。

4. 在保存文件时添加或更改属性

❶ 在所使用程序的"文件"菜单中,单击"另存为"按钮,出现"另存为"对话框。

❷ 在"另存为"对话框中键入标记和其他属性,如图 2.26 所示。

图 2.26 在"另存为"对话框中向文件添加属性

❸ 键入该文件的名称,然后单击"保存"对话框。

任务 5 "库"的操作

1. 将文件包含到文档库

将事先创建好"教学"文件夹中的 Word 文档"上机练习"复制到文档库。

❶ 在"Windows 资源管理器"窗口的导航窗格中找到并打开"教学"文件夹。

❷ 在内容窗格中单击要复制的文件"上机练习"。

❸ 单击工具栏上的"组织"菜单,再单击"复制"命令;或者用鼠标右键单击"上机练习",在快捷菜单中单击"复制"命令;或者单击"编辑"菜单,再单击"复制"命令,如图 2.27 所示。

图 2.27 复制文件或文件夹

❹ 在导航窗格中单击文档库。

❺ 单击工具栏上"组织"菜单中的"粘贴"命令；或者，在文档库的内容窗格中的空白处单击鼠标右键，在快捷菜单中单击"粘贴"命令；或者，单击"编辑"菜单中的"粘贴"命令。完成复制。

❻ 更改文件副本的文件名，如更名为"上机练习 2"。

2. 从文档库中删除文件

删除文档库中的"上机练习"文件。

❶ 在"Windows 资源管理器"窗口导航窗格中，用鼠标指向"库"，库的前面出现符号" ▷ "，单击它，展开库文件夹，再单击"文档"。

❷ 在"内容"窗格中选中"上机练习"文档。

❸ 按 Delete 键，或选择"组织"菜单中的"删除"命令，或选择"文件"菜单中的"删除"命令。

这时，出现"删除文件"对话框，如图 2.28 所示。

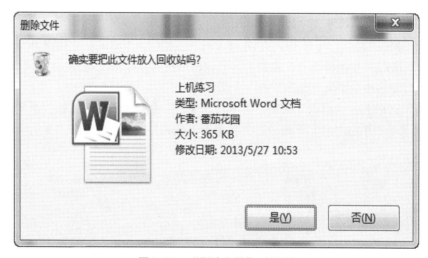

图 2.28　"删除文件"对话框

❹ 单击对话框中的"是"按钮，即可将被选定对象"上机练习"移入回收站文件夹中(这称为预删除，此文件夹还可以通过"回收站"文件夹将其恢复)。

任务 6　创建虚拟硬盘

❶ 用鼠标右键单击桌面上"计算机"图标，在快捷菜单中选择"管理"命令，打开"计算机管理"窗口，如图 2.29 所示。在左侧窗格中选择"磁盘管理"选项。

❷ 在右侧的"操作"窗格中单击"更多操作"，如图 2.30 所示，在弹出的下拉菜单中选择"创建 VHD"选项。

图 2.29　"计算机管理"窗口

图 2.30　在下拉菜单中选择"创建 VHD"选项

❸ 打开"创建和附加虚拟硬盘"对话框，如图 2.31 所示。

❹ 指定虚拟磁盘的位置和大小，单击"确定"按钮。

❺ 在"计算机管理"窗口右侧的"操作"窗格中单击"更多操作"，在弹出的下拉列表中选择"附加 VHD"选项，打开"附加虚拟硬盘"对话框，如图 2.32 所示，指定虚拟硬盘的位置和设置其是否只读。

图 2.31 "创建和附加虚拟硬盘"对话框

图 2.32 "附加虚拟硬盘"对话框

❻ 在中间区域的窗格中，用右键单击新创建的虚拟硬盘"磁盘 2"，在弹出的快捷菜单中选择"初始化磁盘"选项。打开"初始化磁盘"对话框，如图 2.33 所示，选择要设置的分区模式。

图 2.33 "初始化磁盘"对话框

实验三 控制面板的操作

【实验目的】

(1) 掌握创建新用户账户的方法。

(2) 掌握修改用户账户信息的方法。

(3) 掌握快速启动家长控制速度的设置方法。

(4) 掌握检查和更改附件应用程序的默认关联的方法。

(5) 掌握从计算机中删除或安装字体的方法。

(6) 掌握驱动程序自动更新的关闭或开启的方法。

(7) 掌握消息通知的关闭或开启的方法。

任务 1 创建新用户账户

创建一个名为"野狼"(也可以是其他任何名称)的新用户账户。

❶ 在"用户账户"窗口中,单击"管理其他账户",出现"管理账户"窗口。或者,在控制面板主窗口中单击"用户账户和家庭安全"下的"添加或删除用户账户"。

❷ 在"管理账户"窗口中,单击"创建一个新账户",出现如图 2.34 所示的"创建新账户"窗口。

图 2.34 "创建新账户"窗口

❸ 在"新账户名"框中输入新的账户名称"野狼"后,单击"创建账户"按钮。

❹ 进行更改账户名称、设置登录密码、删除账户、家长控制等操作。

任务 2 修改账户信息

修改在任务 1 中创建的"野狼"账户的信息。

❶ 新用户账户创建后,会出现如图 2.35 所示的"管理账户"窗口。

图 2.35　"管理账户"窗口列出的用户账户

❷ 在"选择希望更改的账户"列表中，单击"野狼"图标，出现如图 2.36 所示的"更改账户"窗口。

图 2.36　"更改账户"窗口

❸ 单击"更改账户名称"，出现"重命名账户"窗口，在"新账户名"框中输入一个新名称后，单击"更改名称"按钮，就可将"野狼"这一名称更改为其他名称。

单击"创建密码",出现"创建密码"窗口,在"新密码"框中输入一组密码,在"确认新密码"框中再次输入同一组密码,在"输入密码提示"框中输入一密码提示(用于在忘记密码时帮助用户回忆密码),单击"创建密码"按钮,完成密码创建。

单击"更改图片",出现"选择图片"窗口,在系统图片列表中选择一个新图片,也可以单击"浏览更多图片",在打开的"Windows 资源管理器"窗口中选择其他图片。单击"更改图片"按钮完成图片更改,更改后的图片会出现在欢迎屏幕上。

单击"家长控制",出现"家长控制"窗口。在这里限制用户使用计算机的时间,筛选 Web 内容,指定能运行的游戏和其他程序。具有管理员权限才能查看或更改"家长控制"设置,而且为不是管理员账户的标准用户配置"家长控制"权限。

单击"更改账户类型",出现"更改账户类型"窗口,在此可将账户类型更改为"管理员"或"标准用户"。

任务3　加快启动家长控制的速度

❶ 双击桌面上的"计算机"图标,在打开的窗口中单击"打开控制面板"按钮,打开"控制面板"窗口,如图 2.37 所示。

图 2.37　"控制面板"窗口

❷ 单击"用户账户和家庭安全",打开"用户账户和家庭安全"窗口,再单击"家长控制"。创建一个新账户,单击该新账户打开"用户控制"窗口,如图 2.38 所示。

❸ 在该窗口中,选中"启用,应用当前设置"单选钮。用户可以根据需要对时间、游戏及允许和阻止特定程序等进行设置。

❹ 单击"确定"按钮。

图 2.38 "用户控制"窗口

任务 4 检查和更改应用程序的默认关联

检查和更改"画图"程序的默认关联。

❶ 单击"开始"菜单右侧的"默认程序",打开如图 2.39 所示的窗口。

图 2.39 "默认程序"窗口

❷ 单击"默认程序",打开如图 2.40 所示的"设置默认程序"窗口,选择"画图"后,发现"画图"总共能处理 3 个文件类型或协议。

❸ 要查看和修改"画图"当前处理的文件类型或协议,单击"选择此程序的默认值",打开如图 2.41 所示的"设置程序关联"窗口,列出了"画图"能处理的所有扩展名和协议。

图 2.40   "画图"被设为 3 个文件类型或协议的默认程序

图 2.41   设置程序关联

❹ 要使"画图"成为其他扩展名或协议的默认程序,则先选中对应的复选框,再单击"保存"按钮。要使"画图"成为唯一的默认程序,则先选中"全选"复选框,再单击"保存"按

钮；或者在图 2.40 中单击"将此程序设置为默认值"。

任务 5　删除系统中多余的字体

❶ 依次单击"开始"、"控制面板"，打开 Windows 7 系统的"控制面板"窗口，如图 2.42 所示。

图 2.42　"控制面板"窗口

❷ 单击右上方的"查看方式"后的"类别"按钮，在弹出的下拉列表中选择"小图标"选项，在图 2.43 所示"控制面板"小图标窗口中单击"字体"。

图 2.43　"控制面板"小图标窗口

❸ 在图 2.44 所示的"字体"窗口中将那些从来不用或者不认识的字体删除,删除的字体越多,得到的空闲系统资源就越多。如果担心以后用到这些字体时不方便寻找,也可以不删除,而是将不用的字体保存在另外的文件夹中,然后将其放到其他磁盘中。

也可以在系统盘中找到字体文件夹"Fonts"(C:\Windows\Fonts),删除其中不用的字体。

图 2.44 "字体"窗口

任务 6 关闭自动更新驱动程序

Windows Update 是现在大多数 Windows 的一种自动更新工具,一般用来为漏洞、驱动和软件提供升级和更新。但是,可以通过设置来关闭硬件驱动程序的自动更新。

❶ 打开"控制面板"窗口,单击"查看设备和打印机",再打开"设备和打印机"窗口,如图 2.45 所示。

❷ 在图 2.45 中,用右键单击"JCLG-PC"图标,从弹出的快捷菜单中选择"设备安装设置"命令。打开"设备安装设置"对话框,如图 2.46 所示。

❸ 在对话框中选中"否,让我选择要执行的操作"单选钮,再选中"从不安装来自 Windows Update 的驱动程序软件"单选钮。

❹ 单击"保存更改"按钮。

任务 7 关闭系统通知

1. 关闭系统消息通知

❶ 依次单击"开始"、"控制面板"、"查看方式"后的"类别"按钮,打开"所有控制面板项"窗口,如图 2.47 所示,单击"通知区域图标"。

图 2.45   "设备和打印机"窗口

图 2.46   "设备安装设置"对话框

图 2.47 "所有控制面板项"窗口

❷ 如图 2.48 所示,用户可以在打开的"通知区域图标"窗口中改变操作中心、网络、声音、Windows 资源管理器、媒体中心小程序托盘以及 Windows 自动升级的通知和图标。

图 2.48 "通知区域图标"窗口

2. 关闭安全通知

❶ 打开"控制面板"窗口，单击"系统和安全"，然后在打开的窗口中单击"操作中心"。在打开的"操作中心"窗口的左侧导航栏中单击"更改操作中心设置"，打开"更改操作中心设置"窗口，如图 2.49 所示。

图 2.49 "更改操作中心设置"窗口

❷ 用户可以在该窗口中关闭一些通知，包括 Windows Update、Internet 安全设置、网络防火墙、间谍软件和相关保护、用户账户控制、病毒防护、Windows 备份、Windows 疑难解答及检查更新等。

实验四 附件应用程序使用

【实验目的】

学会使用 Windows 附件应用程序开展相应的工作。

任务 1 使用"写字板"对文档进行简单排版

❶ 单击"开始"按钮，然后在弹出的菜单中依次单击"所有程序"、"附件"、"写字板"。

❷ 打开"写字板"窗口，在编辑区输入需要的文字，插入图片等，如图 2.50 所示。

❸ 选中文字、图片等对象，使用功能区中的命令设置其格式。

任务 2 在 Word 文档中打开"画图"程序

❶ 单击"开始"按钮，指向"所有程序"，找到"Word"，并单击它，启动 Word 字处理软件。

图 2.50 用"写字板"对文档排版

❷ 在"插入"选项卡的"文本"组中单击"对象",打开如图 2.51 所示的"对象"对话框。

图 2.51 选择插入"Bitmap Image"对象

❸ 在"对象类型"列表框中选中"Bitmap Image"。

❹ 单击"确定"按钮。

这时,"画图"程序插入 Word 文档中,如图 2.52 所示。

❺ 在文档中绘图区域,用"画图"程序的工具绘图,完成后在文档的空白处单击鼠标左键,回到 Word 文档编辑状态。

图 2.52　插入"画图"程序的 Word 窗口

实验五　磁盘维护

【实验目的】

(1) 掌握磁盘清理、磁盘碎片整理的方法。

(2) 了解磁盘清理、磁盘碎片整理程序维护计算机磁盘的方法。

任务 1　清理系统盘

❶ 单击"开始"按钮,依次指向"所有程序"、"附件"、"系统工具",再单击"磁盘清理"命令,打开"驱动器选择"对话框,如图 2.53(a)所示。

在"控制面板"窗口,依次单击"系统和安全"、"释放磁盘空间",也能打开该对话框。

❷ 先从"驱动器"下拉列表中选择待清理的磁盘盘符,如 C 盘,再单击"确定"按钮。系统开始搜索待清理文件,显示"磁盘清理"对话框,计算 C 盘上可以释放的空间,如图 2.53(b)所示。

(a)"驱动器选择"对话框

(b)"磁盘清理"对话框

图 2.53　选择要清理的磁盘

❸ 计算结束后,自动关闭"磁盘清理"对话框,显示"System (C:)的磁盘清理"对话框,如图 2.54 所示。

❹ 在"要删除的文件"列表框中,显示了待清理项目的名称,单击项目名称左侧的复选框,确认待清理的项目。单击"确定"按钮,出现"磁盘清理"对话框,单击"删除文件"按

用户为 C 盘设置的卷标不同，
此标题会不同

在"要删除的文件"列表框中
选择不同，此按钮会不同

图 2.54　"System (C:)的磁盘清理"对话框

钮，计算机开始进行磁盘清理工作，并显示磁盘清理进度对话框。

任务 2　整理系统盘碎片

❶ 单击"开始"按钮，依次指向"所有程序""附件""系统工具"，再单击"磁盘碎片整理程序"命令，打开"磁盘碎片整理程序"窗口，如图 2.55 所示。

图 2.55　"磁盘碎片整理程序"窗口

在"控制面板"窗口，依次单击"系统和安全"、"对硬盘进行磁盘整理"，也可打开该窗口。

❷ 在"当前状态"列表中，单击待整理碎片的驱动器名称，如 C 盘。

❸ 单击"分析磁盘"按钮，进行磁盘碎片分析。分析完成后，系统会为用户提出需要或不需要进行碎片整理的报告，用户根据实际决定是否进行碎片整理。若决定进行碎片整理，则单击"磁盘碎片整理"按钮，开始碎片整理并在"进度"栏下显示整理进度(可能需要几分钟到几小时才能完成，具体取决于硬盘碎片的大小和程度)。

❹ 整理完成后，在"上一次运行时间"栏下显示当前时间，单击"关闭"按钮结束操作。

2.2 案例分析

例 2.1 Windows 中用户可以用来查看最新消息并解决计算机问题的功能名称是什么？

答：操作中心。

知识点：操作中心的作用。

分析：操作中心是一个查看警报和执行操作的中心位置，它可帮助保持 Windows 稳定运行。依次单击"开始"、"控制面板"、"系统和安全"、"操作中心"，可打开"操作中心"窗口，如图 2.56 所示。单击"安全"或"维护"右侧的箭头，可查看详细信息。

图 2.56 "操作中心"窗口

将鼠标指针指向任务栏最右侧的通知区域中的"操作中心"图标 ，可快速查看操作中心中是否有新消息，单击某消息解决问题，也可单击该图标，打开"操作中心"。

例 2.2 在 E 盘上创建文件夹"JSJ",应该如何操作?

答:操作步骤如下。

❶ 在任务栏上单击"Windows 资源管理器"图标,打开"Windows 资源管理器"窗口。

❷ 在导航窗格依次单击"计算机"、"E"盘图标。

❸ 单击工具栏上的"新建文件夹"按钮,即在内容窗格中创建一个新文件夹,并选中文件夹名。

❹ 直接输入"JSJ",在空白处单击完成操作。

其他方法:在 E 盘任意空白处用鼠标右键单击,在弹出的快捷菜单中选"新建",在下级子菜单中选择"文件夹"命令,输入文件名"JSJ"。

知识点:创建文件夹。

例 2.3 创建文件夹"JSJ"的桌面快捷方式。

答:操作步骤依次为选中文件夹"JSJ"、"文件"菜单、"发送到"、"桌面快捷方式"。

其他方法:选中并用鼠标右键单击文件夹"JSJ","发送到"、"桌面快捷方式"。或者选中文件夹"JSJ"、直接用鼠标将"JSJ"拖曳到桌面上。

知识点:创建文件、文件夹或程序的桌面快捷方式。

例 2.4 将 E 盘文件夹"JSJ"设置为只读,隐藏属性。

答:在"Windows 资源管理器"窗口中,选中"JSJ"文件夹,单击"文件"、"属性",弹出"JSJ 属性"对话框,在"常规"选项卡中选中"只读"、"隐藏"复选框,依次单击"应用"按钮、"确定"按钮。

知识点:文件或文件夹属性。

例 2.5 写出启动"记事本"的操作步骤。

答:依次单击"开始"、"所有程序"、"附件"、"记事本"。

知识点:记事本的应用、文本文件。

例 2.6 要安装 Windows 7,系统磁盘分区应该是什么格式?为什么?

答:NTFS 格式。

其原因如下。

❶ NTFS 是一个可恢复的文件系统,在 NTFS 分区上,用户很少需要运行磁盘修复程序,NTFS 通过使用标准的事务处理日志和恢复技术来保证分区的一致性。发生系统失败事件时,NTFS 使用日志文件和检查点信息自动恢复文件系统的一致性。

❷ NTFS 支持对分区、文件夹和文件的压缩。任何基于 Windows 的应用程序对 NTFS 分区上的压缩文件进行读写时不需要事先由其他程序进行解压缩,当对文件进行读取时,文件将自动进行解压缩;当文件关闭或保存时,会自动对文件进行压缩。

❸ NTFS 采用了更小的簇,可以更有效率地管理磁盘空间。当分区的大小在 2GB 以上(2GB~2TB)时,簇的大小都为 4KB。相比之下,NTFS 可以比 FAT32 更有效地管理磁盘空间,最大限度地避免了磁盘空间的浪费。

❹ 在 NTFS 分区上,可以为共享资源、文件夹以及文件设置访问许可权限。

知识点:磁盘格式化、NTFS 格式的优点。

例 2.7 在 Windows 7 中,可以进行哪些个性化设置?简述操作步骤。

答：在 Windows 7 中，至少可以进行 7 个方面的个性化设置。

❶ 更换桌面主题。其操作步骤为：在桌面空白处用鼠标右键单击，在弹出的快捷菜单中选择"个性化"选项，打开"个性化"窗口。系统中预先提供数十款不同的主题，用户可以随意挑选其中的任何一款。

❷ 创建桌面背景幻灯片。其操作步骤为：在"个性化"窗口，单击"桌面背景"，打开"桌面背景"窗口，选择图片位置列表，按住 Ctrl 键选择多个图片文件，设定时间参数和图片显示方式，最后单击"保存"即可。

❸ 移动任务栏。其操作步骤为：用鼠标右键单击任务栏，选择"属性"命令，单击"任务栏"选项卡，在"屏幕任务栏位置"下拉列表中选择所需的位置，单击"确定"按钮。

❹ 添加应用程序和文档到任务栏。其操作步骤为：若是正在使用的程序和文档，则在任务栏上，用鼠标右键单击它的图标，在快捷菜单中选择"将此程序锁定到任务栏"命令；若是未运行的程序，则在资源管理器窗口中找到该文件，在"文件"菜单或在快捷菜单中单击"锁定到任务栏"命令。

❺ 自定义开始菜单。其操作步骤为：用鼠标右键单击"开始"按钮，选择"属性"命令，单击"任务栏和「开始」菜单属性"对话框中的"「开始」菜单"选项卡，单击"自定义"按钮，打开如图 2.57 所示"自定义「开始」菜单"对话框，选择设置，单击"确定"按钮。

图 2.57　"自定义「开始」菜单"对话框

❻ 设置关机按钮选项。其操作步骤为：用鼠标右键单击"开始"按钮，选择"属性"命令，再选择"「开始」菜单"选项卡，在"电源按钮操作"下拉列表中选择默认系统状态，单击"确定"按钮。

❼ 添加桌面小工具。其操作步骤为：用鼠标右键单击桌面空白处，在快捷菜单中选择"小工具"命令，如图 2.58 所示，双击某个工具即可将该工具添加到桌面。

图 2.58 系统小工具

知识点：更换桌面主题、创建桌面背景幻灯片、移动任务栏、添加应用程序和文档到任务栏、自定义开始菜单、设置关机按钮选项、添加桌面小工具等。

例 2.8 Windows 7 的默认库有哪些？库与文件夹有什么区别？

答：Windows 7 中有视频、图片、文档和音乐 4 个默认库。库与文件夹的区别有两个方面。

一方面是存储的差异。表面上看，库跟文件夹相似，在库中也可以包含各种各样的子库与文件等。但是其本质上与文件夹有很大的不同，在文件夹中保存的文件或者子文件夹，要存储在同一个地方，而在库中存储的文件则可以来自于用户计算机上的关联文件，或者来自于移动磁盘上的文件。这个差异看起来比较细小，但确是传统文件夹与库之间的最本质的差异。

二方面是管理方式上的差异。库的管理方式更加接近于快捷方式，用户可以不用关心文件或文件夹的具体存储位置。用户在库中就可以看到所需要了解的全部文件(只要用户事先把这些存储在硬盘或移动磁盘中的文件或者文件夹加入库中)。或者说，库中的对象就是各种文件夹与文件的一个快照，库中并不真正存储文件，只提供一种更加快捷的管理方式。如果库中的文件来自移动磁盘，那么在库中打开这些文件时，要确保移动磁盘已经连接到用户主机上了。

知识点：库、文件夹。

2.3 强化训练

一、选择题

1. Windows 的整个显示屏幕称为_____。

A) 窗口　　　　　　B) 操作台　　　　C) 工作台　　　　D) 桌面

2. 在 Windows 默认状态下，鼠标指针 的含义是_____。

A) 忙　　　　　　　B) 链接选择　　　C) 后台操作　　　D) 不可用

3. 安装并启动 Windows 系统后，由系统安排在桌面上的图标是_____。

A) 资源管理器　　　B) 回收站　　　　C) Word　　　　　D) Internet Explorer

4. 在 Windows 中为了重新排列桌面上的图标，首先应进行的操作是_____。

A）用鼠标右键单击桌面空白处

B）用鼠标右键单击任务栏空白处

C）用鼠标右键单击已打开窗口的空白处

D）用鼠标右键单击"开始"菜单空白处

5. 删除 Windows 桌面上的某个应用程序快捷方式图标，意味着_____。

A）该应用程序连同其图标一起被删除

B）只删除了该应用程序，对应的图标被隐藏

C）只删除了图标，对应的应用程序被保留

D）该应用程序连同图标一起被隐藏

6. 在 Windows 中，任务栏_____。

A）只能改变位置，不能改变大小

B）只能改变大小，不能改变位置

C）既不能改变位置，也不能改变大小

D）既能改变位置，也能改变大小

7. Windows 中文件的属性有_____。

A）只读、隐藏　　　B）存档、只读　　C）隐藏、存档　　D）备份、存档

8. 下列叙述中，正确的是_____。

A）"开始"菜单只能用鼠标单击"开始"按钮才能打开

B）Windows 任务栏的大小是不能改变的

C）"开始"菜单是系统生成的，用户不能更改它

D）Windows 的任务栏可以放在桌面任意一条边上

9. 利用窗口左上角的控制菜单图标不能实现的操作是_____。

A）最大化窗口　　　B）打开窗口　　　C）移动窗口　　　D）最小化窗口

10. 在 Windows 中，利用键盘操作，移动已选定窗口的正确方法是_____。

A）按 Alt+空格键打开窗口的控制菜单，然后按 N 键，用光标键移动窗口并按 Enter 键确认

B）按 Alt+空格键打开窗口的快捷菜单，然后按 M 键，用光标键移动窗口并按 Enter 键确认

C）按 Alt+空格键打开窗口的快捷菜单，然后按 N 键，用光标键移动窗口并按 Enter 键确认

D）按 Alt+空格键打开窗口的控制菜单，然后按 M 键，用光标键移动窗口并按 Enter 键确认

11. 在 Windows 中，用户同时打开多个窗口时，可以层叠式或堆叠式排列。要想改变窗口的排列方式，应进行的操作是_____。

A）用鼠标右键单击任务栏空白处，然后在弹出的快捷菜单中选取要排列的方式

B）用鼠标右键单击桌面空白处，然后在弹出的快捷菜单中选取要排列的方式

C）打开资源管理器，依次选择"查看"、"排列图标"命令

D）打开"计算机"窗口，依次选择"查看"、"排列图标"命令

12. 在 Windows 中，在一个窗口已经最大化后，下列叙述中错误的是_____。

A）该窗口可以关闭　　　　　　　B）该窗口可以移动

C）该窗口可以最小化　　　　　　D）该窗口可以还原

13. 在 Windows 下，在一个应用程序窗口被最小化后，该应用程序_____。

A) 终止运行
B) 暂停运行
C) 继续在后台运行
D) 继续在前台运行

14. Windows 中窗口与对话框的区别是_____。

A) 对话框不能移动，也不能改变大小
B) 两者都能移动，但对话框不能改变大小
C) 两者都能改变大小，但对话框不能移动
D) 两者都能改变大小和移动

15. 下列关于 Windows 对话框的叙述中，错误的是_____。

A) 对话框是提供给用户与计算机对话的界面
B) 对话框的位置可以移动，但大小不能改变
C) 对话框的位置和大小都不能改变
D) 对话框中可能会出现滚动条

16. 在 Windows 中，用户可以使用_____功能释放磁盘空间。

A) 磁盘清理
B) 磁盘碎片整理
C) 桌面清理
D) 删除桌面快捷方式

17. 在"Windows 资源管理器"中，单击左侧导航窗格中文件夹图标左侧的"◢"图标后，屏幕上显示结果的变化是_____。

A) 该文件夹的下级文件夹显示在窗口右部
B) 左侧导航窗格中显示的该文件夹的下级文件夹消失
C) 该文件夹的下级文件夹显示在左侧导航窗格中
D) 右侧窗格中显示的该文件夹的下级文件夹消失

18. 在"Windows 资源管理器"中，若希望显示文件的名称、类型、大小等信息，则应该选择"查看"菜单中的_____命令。

A) 列表
B) 详细资料
C) 大图标
D) 小图标

19. "Windows 是一个多任务操作系统"指的是_____。

A) Windows 可运行多种类型各异的应用程序
B) Windows 可同时运行多个应用程序
C) Windows 可供多个用户同时使用
D) Windows 可同时管理多种资源

20. 不能打开"Windows 资源管理器"的操作是_____。

A) 单击任务栏上的"Windows 资源管理器"图标
B) 用鼠标右键单击"开始"按钮
C) 在"开始"菜单中依次选择"所有程序"、"附件"、"Windows 资源管理器"命令
D) 单击任务栏空白处

21. 按住鼠标左键的同时，在同一驱动器不同文件夹内拖动某一对象，结果是_____。

A) 移动该对象
B) 复制该对象
C) 无任何结果
D) 删除该对象

22. 非法的 Windows 文件夹名是_____。

A) x+y
B) x−y
C) X*Y
D) X÷Y

23. 执行_____操作，将立即删除选定的文件或文件夹，而不会将它们放入回收站。

A) 按住 Shift 键，再按 Del 键
B) 按 Del 键
C) 选择"文件"，"删除"菜单命令
D) 在快捷菜单中选择"删除"命令

24. 在 Windows 的窗口中，选中末尾带有省略号的菜单命令意味着_____。

A) 将弹出下级菜单
B) 将执行该菜单命令
C) 该菜单项已被选用
D) 将弹出一个对话框

25. Windows 中，按 PrintScreen 键，则使整个桌面内容_____。

A) 打印到打印纸上
B) 打印到指定文件
C) 复制到指定文件
D) 复制到剪贴板

26. 图标是 Windows 操作系统中的一个重要概念，用于表示 Windows 的对象。它可以指
_____。

A) 文档或文件夹
B) 应用程序
C) 设备或其他的计算机
D) 以上都正确

27. 在 Windows 中，下列关于"任务栏"的叙述，错误的是_____。

A) 可以将任务栏设置为自动隐藏
B) 任务栏可以移动
C) 通过任务栏上的按钮，可实现窗口之间的切换
D) 在任务栏上，只能显示当前活动窗口名称

28. 将鼠标指针移动到窗口边框上，当其变为_____形状时，拖动鼠标就可以改变窗口
大小。

A) 小手
B) 双向箭头
C) 四方向箭头
D) 十字

29. 用鼠标右键单击"计算机"图标，在弹出的快捷菜单中选择"属性"命令，可以直接
查看_____。

A) 系统属性
B) 控制面板
C) 硬盘信息
D) C 盘信息

30. 在 Windows 中，回收站是_____。

A) 内存中的一块区域
B) 硬盘上的一块区域
C) 软盘上的一块区域
D) 高速缓存的一块区域

31. 下列关于 Windows 回收站的叙述中，错误的是_____。

A) 回收站可以暂时或永久存放硬盘上被删除的信息
B) 放入回收站的信息可以恢复
C) 回收站所占据的空间是可以调整的
D) 回收站可以存放 U 盘上被删除的信息

32. 在 Windows 默认环境中，中英文输入切换键是_____。

A) Ctrl+Alt
B) Ctrl+空格
C) Shift+空格
D) Ctrl+Shift

33. 主题是计算机上的图片、颜色和声音的组合，它包括_____。

A) 桌面背景
B) 窗口边框颜色
C) 屏幕保护程序
D) 声音方案

34. 能够提供即时信息及可轻松访问常用工具的桌面元素是_____。

A) 桌面图标
B) 桌面小工具
C) 任务栏
D) 桌面背景

35. 保存"画图"程序建立的文件时，默认的扩展名是_____。

A) GIF B) JPEG C) PNG D) BMP

36. Windows 中录音机录制的声音文件默认的扩展名是_____。

A) MP3 B) WAV C) WMA D) RM

37. MP3 文件属于_____。

A) 无损音频格式文件 B) MIDI 数字合成音乐格式文件

C) 压缩音频格式文件 D) 都不对

38. 使用 Windows DVD Maker 制作简单的 DVD 视频时，若要选择多张图片或多个视频时，则应在按住_____键的时间单击要添加的每图片或每个视频。

A) Ctrl B) Shift C) Alt D) Esc

39. 桌面"便笺"程序不支持的输入方式是_____。

A) 键盘输入 B) 手写输入 C) 扫描输入 D) 语音输入

40. 写字板是一个用于_____的应用程序。

A) 图形处理 B) 程序处理 C) 文字处理 D) 信息处理

二、填空题

1. 在 Windows 中，一个库中最多可以包含_____个文件夹。

2. 在 Windows 中，由于各级文件夹之间有包含关系，使得所有文件夹构成_____状结构。

3. 在 Windows 中，按住鼠标左键在不同驱动器之间拖动对象时，系统默认的操作是_____。

4. 选定多个连续的文件或文件夹，应首先选定第一个文件或文件夹，然后按住_____键，单击最后一个文件或文件夹。

5. 在 Windows 的"回收站"窗口中，要想恢复选定的文件或文件夹，可以工具栏上的_____按钮。

6. 文本框用于输入_____，用户既可直接在文本框中键入信息，也可单击右端带有的_____按钮打开下拉列表框，从中选取所需信息。

7. Windows 提供许多种字体，字体文件存放在_____文件夹中。

8. 在选定文件或文件夹后，欲改变其属性设置，可以用鼠标_____键，然后在弹出的_____中选择"属性"命令。

9. 在 Windows 中，配置声音方案就是定义在发生某些事件时所发出的声音。配置声音方案应通过控制面板中的_____选项。

10. 在中文 Windows 中，为了添加某一中文输入法，应在"控制面板"窗口中选择_____选项。

11. 若使用"写字板"程序创建一个文档，如果没有指定该文档的存放位置，则系统将该文档默认存放在_____中。

12. 使用"记事本"程序创建的文件默认扩展名是_____。

13. 双击桌面上的图标即可_____该图标代表的程序或窗口。

14. 要排列桌面上的图标，可用鼠标_____键单击桌面空白处，在弹出的快捷菜单中选择_____命令。

15. 剪切、复制、粘贴、全选操作的快捷键分别是_____、_____、_____、_____。

16. 按"Alt+Esc"组合键可以完成活动_____的切换,相当于用鼠标单击活动_____按钮。

17. 用户当前正在使用的窗口为_____窗口。

18. 用鼠标单击应用程序窗口的_____按钮时,将导致应用程序运行结束。

19. 和 Windows 系统相关的文件都放在_____文件夹及其子文件夹中,应用程序默认都放在_____文件夹中。

20. 操作系统的基本功能包括_____、_____、_____、_____和_____5 大部分。

三、操作题

1. 将"开始"菜单上的图片更改为用户的头像(用户的照片事先存放在"图片"库中)。

2. 将桌面更改为用户的照片(假设用户的照片已存放在"图片"库中)。

3. 在计算机桌面上创建一个"画图"程序的快捷方式。

4. 从网上下载"方正魏碑繁体"字体,并安装到自己的计算机上。

5. 用尽可能多的方法在 Windows 中获得帮助信息。

6. 在移动存储器中创建一个文件夹,并用自己的姓氏拼音命名。再在该文件夹下创建 3 个子文件夹,分别命名为 study、music、photo。

7. 在"Windows 资源管理器"中练习复制、删除、移动文件和文件夹。

8. 对计算机进行磁盘清理和磁盘碎片整理。

9. 在磁盘上查找特定的文件。

10. 为计算机添加用户账户。

2.4 参考答案

一、选择题

1~5. DABAC   6~10. DACBD   11~15. ABCBC   16~20. ABBBD
21~25. ACADD   26~30. DDBAB   31~35. DDCBC   36~40. CCBDC

二、填空题

1. 50   2. 树   3. 移动   4. Shift

5. 还原此项目   6. 文本、下拉列表箭头 (说明:次序不能颠倒)

7. Fonts   8. 右、快捷菜单 (说明:次序不能颠倒)

9. 硬件和声音   10. 时钟、语言和区域   11. 文档库

12. txt   13. 打开   14. 右、查看 (说明:次序不能颠倒)

15. Ctrl+X、Ctrl+C、Ctrl+V、Ctrl+A   16. 窗口、任务栏 (说明:次序不能颠倒)

17. 活动   18. 关闭
19. Windows、Program Files (说明：次序不能颠倒)
20. CPU 管理、存储管理、输入/输出设备管理、作业管理、文件管理

三、操作题

1. 用户可以将"开始"菜单上的图片更改为用户的头像。其操作步骤如下。

❶ 用户将自己头像照片事先存放在"图片"库中 。

❷ 依次用鼠标单击"开始"按钮、开始菜单上的用户名、"更改账户设置"命令。

❸ 打开"设置·你的账户"窗口，如图 2.59 所示。

图 2.59　"设置·你的账户"窗口

❹ 单击"浏览"，打开"打开"对话框，如图 2.60 所示，在左窗格单击"图片"库，在右窗格单击用户头像，再单击"选择图片"按钮。

2. 用户可以将桌面背景更改为自己的照片。其操作步骤如下。

❶ 用户将自己头像照片事先存放在"图片"库中 。

❷ 在"图片"库中，用鼠标右键单击自己头像，在右键快捷中单击"设置为桌面背景"命令。

3. 在计算机桌面上创建"画图"程序快捷方式的操作步骤如下。

❶ 依次单击"开始"按钮、"所有应用"、"Windows 附件"。

❷ 找到"画图"程序，按下鼠标左键，将其拖曳到桌面。

4. 下载、安装"方正魏碑繁体"字体到计算机上的操作步骤如下。

❶ 打开浏览器，找一款搜索引擎，如"百度"。

图 2.60   "打开"对话框

❷ 在搜索框中输入"方正魏碑繁体",打开字体网站,下载字体。

❸ 用鼠标右键单击字体文件,然后单击"Install"命令。

5. 详见教材 2.2.6 节。

6. 具体操作步骤如下。

❶ 用鼠标右键在移动存储器中的任意空白处单击。

❷ 如图 2.61 所示,在快捷菜单中,用鼠标指向"新建"命令,在下一级子菜单中单击"文件夹"命令。

图 2.61   创建文件夹

❸ 将文件夹名称改为自己的姓氏拼音命名。

❹ 双击打开刚建立的文件夹，用前述方法创建 3 个子文件夹，分别命名为 study、music、photo。

7. 详见教材 2.3.3 节。

8. 详见教材 2.7 节。

9. 在磁盘上查找特定文件的操作步骤如下。

❶ 在任务栏上单击"文件资源管理器"图标，打开"文件资源管理器"窗口。

❷ 在左窗格单击选中"此电脑"或某磁盘，在右窗格右上角"搜索"框中输入要查找的文件名即可。

10. 详见教材 2.4.1 节。

第3章 Word 的使用

3.1 案例实验

实验一 Word 功能区的使用

【实验目的】

(1) 熟悉 Word 工作窗口。

(2) 了解功能区的组成。

(3) 掌握向快速访问工具栏上添加或删除按钮的方法。

(4) 掌握"图片工具""表格工具"等非常用选项卡的显示和使用。

(5) 掌握显示/关闭"剪贴板""样式"任务窗格的方法。

(6) 学会自定义选项卡。

(7) 了解键提示的使用。

任务 1 向快速访问工具栏上添加或删除按钮

❶ 单击"快速访问工具栏"右侧的"自定义快速访问工具栏"按钮"▾",打开"自定义快速访问工具栏"菜单。

❷ 在该菜单选中要添加到"快速访问工具栏"上的按钮,如"新建"、"打开"。

完成上述 2 个步骤后的结果如图 3.1 所示。

图 3.1　向快速访问工具栏上添加按钮

❸ 如果"自定义快速访问工具栏"菜单中没有所需要的按钮，那么，先在"组"找到所需要的按钮，再用鼠标右键单击该按钮，在弹出的快捷菜单中单击"添加到快速访问工具栏"即可。

❹ 如果要从"快速访问工具栏"上删除按钮，那么，在"快速访问工具栏"上用鼠标右键单击要删除的按钮，在弹出的快捷菜单中单击"从快速访问工具栏删除"即可。

任务 2　显示"图片工具"选项卡

假设用户向正在编辑的文档中插入了一幅图片。现在，需要对该图片做进一步的处理，如更改文本环绕图片的方式或者剪裁该图片。

❶ 选中该图片。此时，图片 4 个角、4 条边的中点各出现一个小圆圈。"图片工具"选项卡也将出现。如图 3.2 所示。

❷ 单击"图片工具"选项卡。此时将显示用于处理图片的组和命令，例如"图片样式"组。

❸ 在图片外单击时，"图片工具"选项卡会自动消失，其他组将重新出现。

图 3.2　"图片工具"选项卡

任务 3　显示"表格工具"选项卡

❶ 选中文档中的表格或在表格中单击，"表格工具"选项卡出现，该选项卡又包含 2 个子选项卡，即"设计"选项卡和"布局"选项卡。

❷ 单击"表格工具"选项卡，并显示"设计"子选项卡，如图 3.3 所示。

❸ 在表格外单击时，"表格工具"选项卡会自动消失，其他组将重新出现。

从上面练习可以看出，"图片工具"选项卡只包含 1 个"格式"子选项卡，而"表格工具"选项卡包含"设计"和"布局"两个子选项卡。

任务 4　显示/关闭"剪贴板"任务窗格和"样式"任务窗格

❶ 单击"开始"选项卡。

图 3.3　"表格工具"选项卡

❷ 单击"剪贴板"组右下角的"⊿"，系统打开"剪贴板"任务窗格。此窗格位于 Word 窗口的左侧。

❸ 单击"样式"组右下角的"⊿"，系统打开"样式"任务窗格。此窗格悬浮于 Word 窗口的右侧。

"剪贴板"任务窗格和"样式"任务窗格如图 3.4 所示。

❹ 分别单击任务窗格右上角的"关闭"按钮"⊠"，关闭这 2 个任务窗格。

图 3.4　"剪贴板"任务窗格和"样式"任务窗格

任务 5　自定义选项卡

在"开始"选项卡中自定义"常用工具"组，并在该组中添加"保存"、"电子邮件"、"分隔符"、"格式刷"和"查找"5 个按钮。

❶ 依次单击"文件"选项卡、"选项"命令。

❷ 打开"Word 选项"对话框，在左侧单击"自定义功能区"，在右侧"自定义功能区"列表框中选择"编辑"选项。

或者，先在"开始"选项卡上任意位置单击鼠标右键，再在快捷菜单中选择"自定义功能区"，直接进入"Word选项"对话框，从"自定义功能区"列表中选择"主选项卡"选项。

❸ 选中"开始"，单击"新建组"按钮，这时列表中出现"新建组(自定义)"，如图 3.5 所示。

图 3.5 在"Word"选项对话框自定义功能区

❹ 选中"新建组(自定义)"，单击"重命名"按钮，打开"重命名"对话框，如图 3.6 所示。

图 3.6 "重命名"对话框

❺ 在"显示名称"框输入新建组名称——"常用工具",在"符号"列表中选择一种符号,单击"确定"按钮。

❻ 选中"常用工具",在图 3.7 所示"从下列位置选择命令"列表中分别选择需要添加到"常用工具"组中的按钮("保存"、"电子邮件"、"分隔符"、"格式刷"和"查找"),单击"添加"按钮,这时所选择的命令添加到新建组中。完成添加命令后,单击"确定"按钮。

图 3.7　向新建组(常用工具)中添加命令

❼ 单击"开始"选项卡,可以看到自定义的功能组——常用工具,如图 3.8 所示。

图 3.8　"开始"选项卡中的自定义功能组

要删除功能区中的按钮,先在如图 3.7 所示的"自定义功能区"列表中选中要删除的按钮,再单击"删除"按钮。删除工作完成后,单击"确定"按钮。

任务 6 键提示的使用

使用键提示,将文本"Word 2016"设置为"加粗"。

❶ 选中"Word 2016"。

❷ 按 Alt 键,显示功能区选项卡的键提示。

❸ 按 H 键,出现"开始"选项卡,并显示其所有命令的键提示,如图 3.9 所示。

❹ "加粗"按钮对应的键提示为"1"。这时按 1,"Word 2016"被加粗。

图 3.9 "开始"选项卡的所有命令的键提示

实验二 使用模板创建文档和创建特色模板

【实验目的】

(1) 认识模板,掌握模板的概念。

(2) 掌握应用现有模板创建新文档的方法。

(3) 掌握创建模板的方法。

(4) 能熟练创建自己的特色模板,学会在模板中添加控件。

任务 1 使用已安装的模板创建某太空旅行服务公司传真封面

太空旅行服务公司对外联络部张经理经常需要向其他公司发送传真,也会经常用到传真封页。张经理不想每次都花时间在 Word 中创建传真封面页,于是使用 Word 已包含的"传真封面页(专业设计)"模板创建了一个太空旅行服务公司传真封页。

❶ 在已打开的文档中,依次单击"文件"选项卡、"新建"命令。

❷ 如图 3.10 所示,在"新建"窗口选择"传真封面页(专业设计)"。

❸ 在打开的"传真封面页(专业设计)"面板中单击"创建"按钮,如图 3.11 所示。

❹ 新建的"传真封面页(专业设计)"模板文档如图 3.12 所示。在此文档中,张经理用自己规划的内容替换占位符(图 3.12 所示中"你的姓名"为被选中状态)。如先用鼠标单击"公司名称"占位符,再输入"太空旅行服务公司"等,就可建立所需的传真封页文档。

该模板文档下方有"批注",按照其提示操作即可快速完成该模板文档的创建。

图 3.10 选择"传真封面页(专业设计)"模板

图 3.11 使用"传真封面页(专业设计)"模板创建文档

图 3.12 "传真封面页(专业设计)"模板文档

❺ 完成后，单击"快速访问工具栏"上的保存按钮，将此文档以文件名"传真封面"保存在 E 盘 CH03 文件夹(用户事先创建)下。

任务 2 通过搜索联机模板创建某太空旅行服务公司主办的会议议程

太空旅行服务公司对外联络部张经理要为该公司主办的"乌克兰危机与未来世界秩序"论坛准备一份会议议程。他的操作步骤如下。

❶ 依次单击"文件"选项卡、"新建"命令。

❷ 在"搜索联机模板"框中输入"会议议程"并搜索。

❸ 在"会议议程"列表中，单击所需模板"会议议程"模板，打开"会议议程"面板，在右侧单击"创建"按钮。

❹ 下载完成，创建基于该模板的文档。

❺ 在此模板中，对有关内容进行适当修订，如图 3.13 所示。

❻ 完成后，单击"快速访问工具栏"上的保存按钮，将此文档以文件名"论坛 议程.docx"保存在 E 盘 CH03 文件夹下。

图 3.13　用模板创建的会议议程

任务 3　创建某太空旅行服务公司的特色发票

太空旅行服务公司在筹办"乌克兰危机与未来世界秩序"论坛时，公司财务部经理要求出纳小况为与会代表们开具具有本公司特色的发票，以加深代表们对本公司的印象。小况的做法如下。

❶ 根据空白模板和上述练习提供的方法创建新模板，式样如图 3.14 所示。将其命名为"论坛 发票.dotx"，保存在默认的模板文件夹中，使此模板处于打开状态。

说明：文档中不变化的内容和表格是事先输入的，方括号及其中的内容在模板设计完成前是不存在的。

❷ 显示"开发工具"选项卡。

◆ 依次单击"文件"选项卡、"选项"命令，打开"Word 选项"对话框。

◆ 单击"自定义功能区"。

◆ 在"自定义功能区"和"主选项卡"下，选中"开发工具"复选框。

◆ 单击"确定"按钮。

这时，"开发工具"选项卡显示在功能区上。

图 3.14　小况创建的发票模板

❸ 向文档中添加 RTF 控件。

◆ 将鼠标光标置于要插入控件的位置，如"发票号码"后面。

◆ 单击"开发工具"选项卡"控件"组中的"格式文本内容控件"按钮 Aa，控件被插入并显示"单击点击此处输入文字。"字样，形成一个内容控件占位符，如图 3.15 所示。

图 3.15　添加 RTF 控件到模板中

用同样的方法，在其他准备设计为文本占位符的地方插入 RTF 控件。

◆ 选择内容控件，单击"控件"组中的"属性"按钮 □，打开"内容控件属性"对话框。

选中"RTF 属性"下的"内容被编辑后删除内容控件"复选框，该控件将出现在使用该模板创建的任何文档中。

说明：如果内容控件不可用，则可能是在早期的 Word 版本中创建的文档。若要使用内容控件，必须将该文档另存为 Word 2016 文件格式。

❹ 向文档中添加"日期选取器内容控件"。

◆ 将鼠标光标置于要插入"日期选取器"控件的 "开票日期"后面。

◆ 单击"开发工具"选项卡"控件"组中的"日期选取器内容控件"按钮，添加日期控件。

◆ 要选择日期的格式：先在文档中选择"日期选取器内容控件"，然后在"开发工具"选项卡上单击"属性"按钮；单击"日期显示方式"下的列表中的任一示例，如"2022 年 3 月 22 日"，单击"确定"按钮。

❺ 向文档中添加"组合框内容控件"。

由于"住宿费"、"资料费"和"会议服务费"都是标准档，标准不同，享受的服务、获得的资料不同。如"资料费"有"1000.00"、"1200.00"和"1400.00"3 个标准。所以，在这 3 处要添加"组合框"控件。

◆ 将鼠标光标置于要插入"组合框内容控件"的位置，如"住宿费"栏"金额(元)"单元格下的一个单元格内。

◆ 在"开发工具"选项卡"控件"组中单击"组合框内容控件"按钮，将组合框控件添加到该模板中。

用同样的方法添加另外 2 个组合框内容控件。

◆ 单击"组合框内容控件"前的按钮以选中该控件，如"资料费"栏最后一个单元格中的组合控件。

◆ 在"开发工具"选项卡的"控件"组中单击"属性"按钮，打开"内容控件属性"对话框，单击"添加"按钮，分别添加"1000.00"、"1200.00"和"1400.00"到"下拉列表属性"框中，形成一个选项集，如图 3.16 所示。

◆ 选中"下拉列表属性"框中的"选择一项。"，单击"删除"按钮将其删除。单击"确定"按钮，关闭该对话框。

完成"住宿费"、"资料费"和"会议服务费"组合框控件中选项集设置后的效果如图 3.17 所示。

说明：如果选中图 3.16 所示中的"无法编辑内容"复选框，那么其他用户使用该模板时，不能编辑文档的下拉列表中的选项集。

❻ 修改模板中的说明文字。

有时，包括关于如何填写已添加到模板中的特定内容控件的占位符说明非常重要。当用户使用该模板创建文档时，这些说明将由用户输入或选择的内容替换。

◆ 在"开发工具"选项卡的"控件"组中单击"设计模式"按钮。

◆ 按照事先规划好的内容编辑占位符文本，并将其设置为任何需要的格式。如，将"发票号码"后面的占位符"单击或点击此处输入文字。"修改为"[单击此处输入发票编号]"。又如，将"住宿费"栏最后一个单元格中的占位符"选择一项。"修改为"[请选择住宿标准]"，等等。

图 3.16 "内容控件属性"对话框

图 3.17 完成后的效果

♦ 单击"设计模式"按钮。

❼ 为模板添加保护。

可以在模板中向个别内容控件添加保护，以防被他人删除或编辑特定的内容控件或控件组。

♦ 选择要限制更改的内容控件或控件组。

♦ 在"开发工具"选项卡的"控件"组中单击"属性"按钮🔲。

♦ 在"内容控件属性"对话框的"锁定"栏下，如果选中"无法删除内容控件"复选框，则表示该选项允许编辑控件的内容，但无法将控件本身从模板或基于该模板的文档中删除；如果选中"无法编辑内容"复选框，则表示该选项允许删除控件，但不允许编辑控件中的内容。

也可以为模板中的所有内容添加保护

♦ 在"开发工具"选项卡的"保护"组中，单击"限制编辑"，打开"限制编辑"任务窗格。

♦ 在该任务窗格的"编辑限制"下，选中"仅允许在文档中进行此类型的编辑"复选框。

♦ 在编辑限制列表中，单击所需的限制。

♦ 要选择其他限制选项，单击"限制权限"。如，授权某用户阅读或更改文档。

限制选项包括设置文档的到期日期和允许用户复制内容。

♦ 在"启动强制保护"下单击"是，启动强制保护"。

♦ 要为文档指定密码，以便只有知道该密码的审阅者能够取消保护，则可在"新密码(可选)"框中键入密码，然后确认此密码。

❽ 如果要将若干个内容控件甚至几段文本保存在一起，则先选中这些控件或文本，然后单击"控件"组中的"组合"按钮 🔲 。

❾ 单击"快速访问工具栏"上的"保存"按钮，再单击文档窗口右上角的关闭按钮，关闭该模板。

❿ 使用该模板创建发票文档为与会代表开具太空旅行服务公司的特色发票。

◆ 依次单击"文件"选项卡、"新建"命令、"个人"选项。

◆ 在列表中双击"论坛 发票"，创建一个基于该模板的文档。

现在，将鼠标光标指向文档中的文本占位符并单击，就可以直接输入内容或在下拉列表中选择输入了。

实验三　文档编辑

【实验目的】

(1) 掌握 Word 文本输入技巧。

(2) 掌握 Word 文档的编辑的方法。

(3) 掌握插入符号的方法。

(4) 掌握保存文档的方法。

(5) 掌握查找和替换文本的方法。

(6) 掌握使用"修订"功能修订文档的方法。

(7) 掌握文档"校对"功能的使用方法。

(8) 学会在文档中插入/删除批注。

任务 1　输入文本

在文档中输入"文本开始"到"文本结束"之间的文本，输入时首行不要留空格。在输入文本时，要注意观察自动换行是如何进行的。现在要创建的是朱自清的散文《荷塘月色》，请将输入文本的过程当作重温这篇散文的过程，体会别样的韵味。

文本开始

荷塘月色

朱自清

这几天心里颇不宁静。今晚我在院子里坐着乘凉，忽然想起走过的荷塘，在这满月的光里，总该另有一番样子吧。月亮渐渐的升高了，墙外马路上孩子们的欢笑，已经听不见了；妻在屋里拍着闰儿，迷迷糊糊地哼着眠歌。我悄悄地披了大衫，带上门出去。

沿着荷塘，是一条曲折的小煤屑路。这是一条幽僻的路；白天也少人走，夜晚更加寂寞。荷塘四面，长着许多树，蓊蓊郁郁的。路的一旁，是些杨柳，和一些不知道名字的树。没有月光的晚上，这路上阴森森的，有些怕人。今晚却很好，虽然月光也还是淡淡的。

路上只我一个人，背着手踱着。这一片天地好像是我的；我也像超出了平常的自己，到了另一个世界里。我爱热闹，也爱冷静；爱群居，也爱独处。像今晚上，一个人在这苍茫的月下，什么都可以想，什么都可以不想，便觉是个自由的人。白天里一定要做的事，一定要说的话，现在都可不理。这是独处的妙处，我且受用这无边的荷香月色好了。

曲曲折折的荷塘上面，弥望的是田田的叶子。叶子出水很高，像亭亭的舞女的裙。层层的叶子中间，零星地点缀着些白花，有袅娜地开着的，有羞涩地打着朵儿的；正如一粒粒的明珠，又如碧天里的星星，又如刚出浴的美人。微风过处，送来缕缕清香，仿佛远处高楼上渺茫的歌声似的。这时候叶子与花也有一丝的颤动，像闪电般，霎时传过荷塘的那边去了。叶子本是肩并肩密密地挨着，这便宛然有了一道凝碧的波痕。叶子底下是脉脉的流水，遮住了，不能见一些颜色；而叶子却更见风致了。

月光如流水一般，静静地泻在这一片叶子和花上。薄薄的青雾浮起在荷塘里。叶子和花仿佛在牛乳中洗过一样；又像笼着轻纱的梦。虽然是满月，天上却有一层淡淡的云，所以不能朗照；但我以为这恰是到了好处——酣眠固不可少，小睡也别有风味的。月光是隔了树照过来的，高处丛生的灌木，落下参差的斑驳的黑影，峭楞楞如鬼一般；弯弯的杨柳的稀疏的倩影，却又像是画在荷叶上。塘中的月色并不均匀；但光与影有着和谐的旋律，如梵婀玲上奏着的名曲。

荷塘的四面，远远近近，高高低低都是树，而杨柳最多。这些树将一片荷塘重重围住；只在小路一旁，漏着几段空隙，像是特为月光留下的。树色一例是阴阴的，乍看像一团烟雾；但杨柳的丰姿，便在烟雾里也辨得出。树梢上隐隐约约的是一带远山，只有些大意罢了。树缝里也漏着一两点路灯光，没精打采的，是渴睡人的眼。这时候最热闹的，要数树上的蝉声与水里的蛙声；但热闹是它们的，我什么也没有。

忽然想起采莲的事情来了。采莲是江南的旧俗，似乎很早就有，而六朝时为盛；从诗歌里可以约略知道。采莲的是少年的女子，她们是荡着小船，唱着艳歌去的。采莲人不用说很多，还有看采莲的人。那是一个热闹的季节，也是一个风流的季节。梁元帝《采莲赋》里说得好：

于是妖童媛女，荡舟心许；鹢首徐回，兼传羽杯；棹将移而藻挂，船欲动而萍开。尔其纤腰束素，迁延顾步；夏始春余，叶嫩花初，恐沾裳而浅笑，畏倾船而敛裾。

可见当时嬉游的光景了。这真是有趣的事，可惜我们现在早已无福消受了。

于是又记起，《西洲曲》里的句子：采莲南塘秋，莲花过人头；低头弄莲子，莲子清如水。今晚若有采莲人，这儿的莲花也算得"过人头"了；只不见一些流水的影子，是不行的。这令我到底惦着江南了。——这样想着，猛一抬头，不觉已是自己的门前；轻轻地推门进去，什么声息也没有，妻已睡熟好久了。

一九二七年七月，北京清华园。

文本结束

❶ 启动 Word 时，系统会创建一个空白文档。它看起来像一张白纸(默认为 A4 大小)，并且占据了屏幕的大部分空间。

如果 Word 已启动且要新建一个空白文档，那么可先单击文件选项卡，再单击"新建"命令，然后在打开的"新建文档"对话框中单击"创建"按钮。

❷ 在当前窗口中的空白文档中输入"荷塘月色"，按 Enter 键。

❸ 继续输入，每输入一段，按一次 Enter 键，直到输入完全部文本。

任务 2 　使用即点即输在文档中输入文本

接着任务 1，使用即点即输在文档尾部居中插入"XX(你的姓名)录入与排版　版权所有"字样。

❶ 检查是否处于页面视图方式。若不是，则在"状态栏"上的视图区选择"页面视图"。

❷ 在页面上横向来回移动鼠标光标，观察它的变化，鼠标光标显示将要设置的格式。

❸ 当鼠标光标显示为"居中对齐"样式时，将鼠标光标置于上一个任务中的文档尾部的页面中心。

❹ 双击鼠标，并输入"XX(你的姓名)录入与排版　版权所有"。

任务 3 　在文档中插入符号

接着任务 2，在文档中"XX(你的姓名)录入与排版"与"版权所有"之间插入"📖""【"
"】""©"符号，再删除"📖""【""】"3 个符号。

❶ 将插入点定位在要插入符号的位置，如"XX(你的姓名)录入与排版"与"版权所有"之间。

❷ 在"插入"选项卡"符号"组中单击"符号"，再单击"其他符号"，打开如图 3.18 所示的"符号"对话框。

图 3.18 　"符号"对话框

❸ 单击"符号"选项卡，显示可供插入的符号，在"字体"列表框中选择"Wingdings"，
选中所需的符号"📖"后单击"插入"按钮；再在"字体"列表框中选择"(普通文本)"，选
中"【"或"】"后单击"插入"按钮。

❹ 单击"特殊字符"选项卡，显示"长划线""版权所有""注册"等20种特殊符号。在"字符"列表框中选择"版权所有"，单击"插入"按钮。

或者，用键盘依次输入"(""C"")"，也会显示"版权所有"符号"©"。

❺ 由于"📖""【""】"3个符号与"XX(你的姓名)录入与排版 版权所有"内容不符，是插入错误，因此要删除。删除方法是，先选中要删除的符号，再按 Delete 键。

任务 4 保存未命名的文档

接着任务 3，将新文档保存到硬盘上。我们已经完成了《荷塘月色》文本的部分工作，现将该文档命名为"荷塘月色"，并保存到 E 盘(或其他磁盘)的"CH03"文件夹(事先创建)中。

❶ 依次单击"文件"选项卡、"另存为"命令或"保存"命令保存，或者单击"快速访问工具栏"上的"保存"按钮，单击"浏览"，打开"另存为"对话框，如图 3.19 所示。系统默认将文档保存在"文档"库中。

图 3.19 默认的"另存为"对话框

❷ 滑动对话框左窗格垂直滚动条，单击"计算机"，再选择 E 盘。在右窗格中双击"CH03"文件夹。

❸ 在"文件名"框中输入要保存的文件名。注意，"荷塘月色"出现在"文件名"框中，这是系统默认的文件名，系统通常会以文档的第一行文字中第一个标点符号前的文本作为文件名。若需要更改，则更改。

❹ 在"保存类型"列表框中显示的是要保存的文件类型，默认类型是"Word 文档"，扩展名为 docx，并自动添加。若要保存为其他类型的文件，则单击该列表框的下拉箭头，选择所需的文件类型。

❺ 单击"保存"按钮保存这个文档，同时，在 Word 标题栏显示文件名"荷塘月色"。

为了防止在录入文本的过程中因意外情况导致计算机关机，造成已录入文本的丢失，在录入一开始就可以保存文档，且录入过程中可以时不时地单击"快速访问工具栏"上的"保存"

按钮，或按"Ctrl+S"键。

任务 5 替换文本

在"荷塘月色"文档中，可能输入了一些不应该输入的空格。要一一删除这些空格比较费时，可以使用替换功能完成这项工作。

❶ 在"开始"选项卡的"编辑"组中，单击"替换"按钮，打开"查找和替换"对话框，选中"替换"选项卡。

❷ 将光标定位于"查找内容"框，输入 1 个空格字符(即敲击一次空格键)。在"替换为"框中不输入任何字符。

❸ 单击"更多"按钮，设置替换的更多选项，如格式、通配符等。

❹ "全部替换"表示满足条件就全部替换；单击"查找下一处"按钮表示继续查找；"替换"表示替换当前一个。

❺ 完成替换后，单击"快速访问工具栏"上的"保存"按钮。

任务 6 使用修订功能修订文档

在审阅"荷塘月色"文档时，发现有几处错误，现用修订功能进行修订。

❶ 打开"荷塘月色"文档，认真审阅。

❷ 在"审阅"选项卡的"修订"组中单击"修订"按钮。

这时，"修订"按钮的背景色发生变化，显示它已打开。此后，我们所做的任何更改将标记为修订，直到我们再次单击该按钮关闭"修订"为止。

❸ 删除"今晚我在院子里坐着乘凉"中的"我"；在"忽然想起"后面漏掉了"日日"，应该加上；"月亮渐渐的升高了"中的"的"应更改为"地"……

修订后文档如图 3.20 所示。

图 3.20 使用"修订"功能后的文档

❹ 单击"快速访问工具栏"上的"保存"按钮。

使该文档保持打开状态，以便任务 7 继续使用。

任务 7　在文档中插入批注

在任务 6 中，我们将"今晚我在院子……"中的"我"删除了，但仍然觉得用词还是不够妥当，所以需要插入批注以便讨论。

❶ 选中要建立批注的文本(如带删除线的"我")。

❷ 在"审阅"选项卡的"批注"组中单击"新建批注"按钮。

文档页边标记区显示批注的批注框。要批注的文本"我"以审阅颜色突出显示。在批注的批注框中键入文本，如图 3.21 所示。

❸ 单击"快速访问工具栏"上的"保存"按钮。

图 3.21 在文档中插入批注

任务 8　掌握文档"校对"功能的使用方法

文本录入完成后，往往会发现有些文本标有下划红色波浪线或绿色波浪线，这是系统给出的可能存在拼写和语法错误的提示。用户需要使用"拼写和语法"功能校对文本。

❶ 在"审阅"选项卡的"校对"组中，单击"拼写和语法"按钮，打开"语法"窗格，同时显示系统检测到的第一个可能存在问题的句子，系统认为"蓊蓊郁郁"是"非词单字"，如图 3.22 所示。

❷ 用户确定了如何解决拼写错误(可以在"语法"窗格单击"忽略"、"忽略规则"、添加到程序词典或者更改)后，程序会移到下一个认为有拼写错误的单词。

在"语法"窗格单击"词典"按钮，打开"更新微软拼音输入法词典"对话框，如图 3.23 所示，将没有拼写错误的单词(如"蓊蓊郁郁")添加到词典，单击"注册"按钮。今后再使用该词时，"拼写和语法"功能就不会标记。

❸ 当程序移动到可能存在错误的英文单词或汉语拼音上时，"语法"窗格将自动变更为"拼写检查窗格"，如图 3.23 所示。用户根据实际情况做出处理，直到完成全文的校对。

图 3.22　"拼写和语法"功能校对文本

图 3.23　"拼写检查窗格"窗格

任务 9　接受修订和删除批注

通过接受修订和删除批注，消除"荷塘月色.docx"文档中的修订。

❶ 打开 E 盘"CH03"文件夹下的"荷塘月色.docx"文档。

❷ 在"审阅"选项卡的"更改"组中单击"接受"按钮，在"接受并移到下一处"、"接

受所有修订"等命令中选择一个命令，修订被接受。

选中某一批注，在"审阅"选项卡的"批注"组中单击"删除"按钮，选择"删除"命令，删除批注。

❸ 依次单击"文件"选项卡、"另存为"命令，将该文档命名为"荷塘月色-1"保存到"CH03"文件夹中。

❹ 单击文档窗口右上角的"关闭"按钮，关闭文档。

实验四　文档排版

【实验目的】
(1) 掌握文档排版的方法。
(2) 掌握段落缩进的方法和技巧。
(3) 掌握"格式刷"的使用技巧。
(4) 掌握特殊格式(如，首字下沉、边框和底纹、分栏、分节符)的设置方法。
(5) 掌握在文档中插入、设置图片(包括图形、艺术字)的方法。
(6) 学会水印制作。

任务 1　按要求对文档"荷塘月色-1.docx"排版

在"荷塘月色-1.docx"文档中，将标题"荷塘月色"字体设置为"华文中宋"(如果计算机中安装了此字体)，字体大小为"二号"，字形为"加粗"，对齐方式为"居中"；将作者姓名"朱自清"字体设置为"华文楷体"，字体大小为"三号"，对齐方式为"居中"，段前段后间距 1 行；将正文字体设置为"宋体"、字体大小为"五号"，行距设置为"固定值 16 磅"。

要完成此任务，可使用"开始"选项卡的"字体"组中的"字体"和"字号"框。它显示的是当前插入点字符的格式设置。如果不进行新的定义，显示的字体和字号将用于下一个键入的文字。若所做的选择包含多种字体和字号，那么字体和字号的显示将为空。

❶ 打开 E 盘"CH03"文件夹下的"荷塘月色-1.docx"文档。

❷ 选中文本"荷塘月色"。

❸ 在"开始"选项卡的"字体"组中单击"字体"框中的下拉箭头，在"所有字体"列表中找到"华文中宋"并单击它，如图 3.24(a)所示。

如果最近使用过"华文中宋"，则可在"最近使用的字体"列表中单击它。

❹ 单击"字号"框中的下拉箭头，在"字号"列表中单击"二号"，如图 3.24(b)所示。

❺ 在"开始"选项卡的"字体"组中单击"加粗"按钮 Ⓑ；在"段落"组中单击"居中"按钮 ▤。

❻ 按步骤❷~步骤❺的方法设置任务所要求的其他文字的字体、字号、字形和对齐方式。

❼ 选中"朱自清"。在"开始"选项卡的"段落"组中单击右下角的"对话框启动器"，打开"段落"对话框，如图 3.25 所示。在该对话框的"缩进和间距"选项卡的"间距"栏下，将"段前"和"段后"框中的值都调整为"1 行"。

(a)设置字体　　　　　　　　　　　　　　　　　(b)设置字号

图 3.24　设置文本的字体和字号

图 3.25　"段落"对话框的"缩进和间距"选项卡

❽ 选中正文部分。重复第❼步，在"行距"栏下选择"固定值"，将"设置值"中的值调整为"16 磅"。

❾ 单击"快速访问工具栏"上的"保存"按钮，保存该文档。

使该文档处于打开状态，以便任务 2 继续使用。

任务 2　使用水平标尺设置段落缩进

将"荷塘月色-1.docx"文档中的第 1~3 自然段首行缩进 2 个汉字。

❶ 选中欲进行缩进的段落，即文档的第 1~3 自然段。

❷ 在水平标尺上，向右拖曳"首行缩进"标记，使之缩进 2 个汉字，如图 3.26 所示。

图 3.26　用水平标尺设置段落缩进

这时，被选择的段落或当前插入点所在的段随缩进标记伸缩自动重新排版。

若水平标尺不可见，则在"视图"选项卡的"显示"组中选中"标尺"复选框 ☑ 标尺。

❸ 单击"快速访问工具栏"上的"保存"按钮。

使该文档处于打开状态，以便任务 3 继续使用。

任务 3　使用"段落"组中的相关按钮设置段落缩进

将"荷塘月色-1.docx"文档中第 4 自然段设置为左缩进 2 个汉字。

❶ 选中该文档的第 4 自然段。

❷ 在"开始"选项卡的"段落"组中单击"增加缩进量"按钮。单击一次该按钮，缩进 1 个汉字。在单击"增加缩进量"按钮时，要注意观察所选段落的缩进情况。

❸ 单击"快速访问工具栏"上的"保存"按钮。

使该文档处于打开状态，以便任务 4 继续使用。

任务 4　使用"格式刷"复制格式

将"荷塘月色-1.docx"文档中其他段落设置为首行缩进 2 个汉字。用"格式刷"复制段落格式方法完成。

❶ 在"荷塘月色-1.docx"文档中选中第 1 自然段。因为，这段文字已在任务 2 中设置了首行缩进 2 个汉字。

❷ 在"开始"选项卡的"剪贴板"组中单击"格式刷"按钮，鼠标指针变为插入点和涂刷的组合光标"▲I"。

❸ 用该格式刷指向第 5 自然段段首，按下鼠标左键并拖曳到最后一个自然段结尾，释放鼠标左键，完成格式复制。

❹ 单击"快速访问工具栏"上的"保存"按钮。

使该文档处于打开状态，以便任务 5 继续使用。

任务 5 创建首字下沉

将"荷塘月色-1.docx"文档第 4 自然段第 1 个字"曲"设置为首字下沉 2 行，距正文 0.5cm。

❶ 将插入点定位在第 4 自然段文字中的任意位置，或选中第 4 段文字，或选中该段的第 1 个字"曲"。

❷ 在"插入"选项卡的"文本"组中单击"首字下沉"按钮，再单击"首字下沉选项"，打开"首字下沉"对话框，如图 3.27 所示。

图 3.27 "首字下沉"对话框

❸ 在"位置"栏选中"下沉"，在"选项"栏设置字体为"中文正文"(默认)，下沉行数设为"2"，距正文"0.5 厘米"。

❹ 设置完成后单击"确定"按钮。

❺ 单击"快速访问工具栏"上的"保存"按钮。

❻ 将该文档重命名为"荷塘月色-2.docx"保存到"CH03"文件夹中。关闭该文档。

任务 6 添加边框和底纹

为"荷塘月色-2.docx"文档的标题段落加边框和底纹，底纹颜色设为水绿色。

❶ 打开"荷塘月色-2.docx"文档。

❷ 选定要添加边框的段落"荷塘月色"。

选定的段落要包含段落尾部的段落标记"↵"。否则，只选定了段落中的字符，而没有选定段落。

❸ 在"设计"选项卡的"页面背景"组中单击"页面边框"按钮 📄 页面边框 ，打开"边框和底纹"对话框，单击"边框"选项卡，如图 3.28 所示。

图 3.28 "边框和底纹"对话框

❹ 在"设置"栏选"方框"，在"样式"列表框中选择"实线"，在"颜色"下拉列表中选"自动"，在"宽度"下拉列表选"0.5 磅"，在"应用于"下拉列表中选择"段落"。

❺ 单击"底纹"选项卡，在"填充"栏颜色下拉列表中选择"水绿色 个性色 5，淡色 80%"。"底纹"选项卡有关选项说明如下。

◆ "填充"框：用于选择底纹的颜色，即背景色。

◆ "样式"列表框：用于选择底纹的样式，即底纹的百分比和图案。

◆ "颜色"列表框：用于选择底纹内填充点的颜色，即前景色。

❻ 在"预览"框可看到设置后的效果，若不满意，则可改变设置。若满意，则单击"确定"按钮，设置完成。

❼ 单击"快速访问工具栏"上的"保存"按钮后，关闭该文档。

任务 7 插入分节符

在"荷塘月色-2.docx"文档中，先删除第 4 自然段的首字下沉，再在第 4 自然段的段首和段末插入连续分节符。

❶ 打开 E 盘"CH03"文件夹下的"荷塘月色-2.docx"。

❷ 选中下沉的字"曲"，在"插入"选项卡的"文本"组中单击"首字下沉"按钮 ，再单击"无"命令。

此时，首字下沉格式被删除。请尝试在不删除首字下沉格式的情况下插入分隔符。

❸ 将插入点定位于第 4 自然段段首(用鼠标在段首单击)。

❹ 在"布局"选项卡的"页面设置"组中单击"分隔符"按钮，再单击"连续"命令。

此时，"分节符(连续)"标识被插入到第 3 自然段段尾。

❺ 先将插入点定位于第 4 自然段的段末，再在"布局"选项卡的"页面设置"组中单击"分隔符"按钮，然后单击"连续"命令。

此时，"分节符(连续)"标识被插入到第 4 自然段段尾，同时自动增加一个空行。

结果如图 3.29 所示。

图 3.29　在文档中插入分隔符

❼ 单击"快速访问工具栏"上的"保存"按钮，保存文档。

使该文档保持打开状态，以便在任务 8 中继续使用。

任务 8　建立分栏格式

在"荷塘月色-2.docx"文档中，将第 4 自然段分为 2 栏，右栏为 15.5 个字符，栏间距为 2 个字符；将第 6 自然段分 2 栏，左栏为 15.5 个字符，栏间距为 2 个字符。栏间加分隔线。

❶ 选中第 4 自然段，并确认为"页面视图"。

❷ 在"布局"选项卡的"页面设置"组中单击"栏"按钮，再单击"更多栏"命令，显示"栏"对话框，如图 3.30 所示。

❸ 在"预设"栏选中"偏右"，在"栏数"框选"2"，在"宽度和间距"栏设第 2 栏宽度为"15.5 字符"，"间距"设为"2 字符"。选中"分隔线"复选框，在各栏间加分隔线。

❹ 单击"确定"按钮。

❺ 重复步骤❶~步骤❹，将第 6 自然段为 2 栏。只是在"预设"栏要选中"偏左"，并设置第一栏的栏宽为"15.5 字符"。

❻ 按照任务 5 描述的方法，恢复设置第 4 自然段的首字下沉格式。

❼ 依次单击"文件"选项卡、"另存为"命令，将该文档重命名为"荷塘月色-3.docx"保存到"CH03"文件夹中，然后关闭该文档。

图 3.30 "栏"对话框

说明：

❶ 如果选中"栏宽相等"复选框，表示建立相同的栏宽。

❷ 在本实验任务 5 中，对第 4 自然段设置了"首字下沉"，在设置分栏前，应删除"首字下沉"设置。

❸ 在同一文档中可以多种分栏并存。

❹经过分栏操作后，经常会看到经过分栏的文档还是显示只有一栏的效果。可能的原因如下。

◆ 当前文档处于"普通视图"下。在该视图下，看不到分栏的实际效果，必须切换到"页面视图"或"打印预览"显示方式。

◆ Word 在分栏时根据纸张的高度，从左到右布局文档，当要分栏的文档较少时，就会产生上述结果。改进的方法是在要分栏的文档结束处插入分隔符。

任务 9 在文档中插入图片

在 E 盘 CH03 文件夹下有一张 bmp 格式的图片(需事先准备)，将该图片插入到"荷塘月色-3.docx"文档中。

❶ 打开"荷塘月色-3.docx"，将插入点定位于第 6 自然段段首，或我们认为合适的位置。

❷ 在"插入"选项卡的"插图"组中单击"图片"按钮，显示如图 3.31 所示"插入图片"对话框。

❸ 在左窗格找到 E 盘 CH03 文件夹。

❹ 在"所有图片"按钮的下拉列表框中选择图片文件类型(Windows 位图)，或选择"所有图片"。

❺ 选择要插入的图形文件，然后单击"插入"按钮。

图 3.31 "插入图片"对话框

此时，图片以"嵌入型"形式插入到文档中。在"图片工具"选项卡"格式"子选项卡的"排列"组中，依次单击"文字环绕"按钮 环绕文字▾、"紧密环绕"命令，设置图片格式。

❺ 依次单击"文件"选项卡、"另存为"命令，将该文档另存为"荷塘月色-4.docx"，并保存在 E 盘中的 CH03 文件夹下。

使该文档保持打开状态，以便在任务 10 中继续使用。

任务 10　裁剪图片

对文档"荷塘月色-4.docx"中的图片进行适当裁剪。

❶ 选中图片，此时图片四周出现有 8 个方向句柄。

❷ 在"图片工具"选项卡"格式"子选项卡的"大小"组中单击"裁剪"按钮，图片四周出现图片边界，鼠标指针变为裁剪形，用鼠标上下左右拖动图片，可完成图片裁剪。

❸ 让光标指向 4 个角，光标变成角裁剪形状(┌、┐、└或┘)；或将光标指向 4 条边的中点，光标变成边裁剪形状(┴、┬、┤或├)。

❹ 按住鼠标左键，朝图片内部拖动鼠标，就可裁剪掉图形相应部分。

❺ 单击"快速访问工具栏"上的"保存"按钮。

❻ 使该文档保持打开状态，以便在任务 11 中继续使用。

任务 11　通过页眉和页脚制作水印

为文档"荷塘月色-4.docx"添加页眉，插入"XX(你的姓名)"和你的相片(事先准备，并保存在 E 盘 CH03 文件夹中)。

❶ 确保文档"荷塘月色-4.docx"处于打开状态。

❷ 单击"插入"选项卡"页眉和页脚"组中的"页眉"按钮 页眉▾，选择"编辑页眉"。这时，处于页眉编辑状态，同时显示"页眉和页脚工具"选项卡的"设计"子选项卡。

❸ 单击"插入"选项卡"插图"组中的"图片"按钮🖼️图片，在 E 盘 CH03 文件夹中找到你的相片文件后，单击"插入"按钮。

❹ 输入"XX(你的姓名)"文本。

❺ 选中你的相片，单击"图片工具"选项卡"格式"子选项卡"大小"组中的"形状高度"🔢框后的微调按钮，将图片高度调整为 1cm 左右，图片宽度等比调整。

❻ 选中文本"XX(你的姓名)"，在"开始"选项卡的"字体"组中，通过"字体"框和"字号"框将字体字号设置为"华文细黑"、"二号"。

❼ 设置页眉左对齐，按空格键使"XX(你的姓名)"文本在页眉中居中。

❽ 在第❸步，单击"插入"选项卡"文本"组中的"文本框"按钮，选择"简单文本框"，并将其拖曳至页眉。之后，就可以重复步骤❹~步骤❼，在文本框内加入作为水印的文字、图形等内容。对图形用"图片工具"选项卡上的有关"组"进行相关设置，把文本框环绕方式设置为"无环绕"，还可对水印进行格式化。

❾ 单击"页眉和页脚工具"选项卡"关闭"组中的"关闭页眉和页脚"。

水印制作完成，在文档的每一页将看到水印的效果。

❿ 单击"快速访问工具栏"上的"保存"按钮。

使该文档处于打开状态，以便在任务 12 中继续使用。

任务 12　通过图形的层叠来制作水印

把任务 9 中插入到文档中的那幅图片制作成水印。

❶ 选中图片。

❷ 在"图片工具"选项卡"格式"子选项卡的"排列"组中单击"环绕文字"按钮🖼️环绕文字▾，选择"衬于文字下方"命令，让正文穿越图形显示。

❸ 在"图片工具"选项卡"格式"子选项卡的"调整"组中单击"颜色"按钮🖼️颜色▾，在"重新着色"列表中选择适合作为水印的颜色样式，使图片呈暗淡色。

或者通过改变"调整"组中"校正"命令下的"亮度和对比度"来使图形呈暗淡色。

❹ 水印制作完成。移动图片到文档中的适当位置。

❺ 单击"快速访问工具栏"上的"保存"按钮。并关闭该文档。

实验五　创建 SmartArt 图形

【实验目的】
学会 SmartArt 图形的选择、使用和设置的技巧。

任务 1　创建某居委会办事指南流程图，以方便居民办事

❶ 在文档中定位插入点。

❷ 在"插入"选项卡的"插图"组中，单击"SmartArt"按钮🖼️，打开"选择 SmartArt 图形"对话框，如图 3.32 所示。

图 3.32 "选择 SmartArt 图形"对话框

❸ 选择所需的类型(如"流程")和布局(如"垂直 V 形列表"),单击"确定"按钮。

此时,SmartArt 图形插入到文档中,如图 3.33 所示。用鼠标指向 SmartArt 图形四角或四条边的中央带点处,按下鼠标左键再拖曳可改变 SmartArt 图形的大小。

图 3.33 SmartArt 图形示例

❹ 单击 SmartArt 图形中的一个形状,然后键入文本。或者,单击"文本"窗格中的"[文本]",然后键入或粘贴文字。或者,从其他程序复制文字,单击"[文本]",然后粘贴到"文本"窗格中。

❺ 如果看不到"文本"窗格,则先单击 SmartArt 图形,在"SmartArt 工具"选项卡的"设计"子选项卡的"创建图形"组中单击"文本窗格"按钮 文本窗格 。

任务 2 在 SmartArt 图形后面添加形状

在任务 1 中创建的某居委会办事指南流程图只有三组,无法列出全部事项流程,需要增加。

❶ 单击需要在后面添加的形状,如"罗小乐"。

❷ 在"SmartArt 工具"选项卡中的"设计"子选项卡的"创建图形"组中，单击"添加形状"按钮 □ 添加形状 ▾ 右侧的"其他"按钮，选择"在后面添加形状"命令，如图 3.34 所示。

图 3.34 添加形状

❸ 在"SmartArt 工具"选项卡下的"设计"子选项卡的"创建图形"组中，单击两次"添加项目符号"按钮。

❹ 按照任务 1 步骤❹的方法，在添加的形状中输入文字。

任务 3 更改 SmartArt 图形的颜色

将任务 2 中的某居委会办事指南流程图的颜色更改成所需的样式。

❶ 单击 SmartArt 图形。

❷ 在"SmartArt 工具"选项卡"设计"子选项卡的"SmartArt 样式"组中单击"更改颜色"按钮。

❸ 在其列表中单击所需的颜色变体(如"彩色范围 – 个性色 2 至 3")。

任务 4 更改图形样式

在任务 3 的基础上，将图形样式更改为"强烈效果"样式。

❶ 单击 SmartArt 图形。

❷ 在"SmartArt 工具"选项卡"设计"子选项卡的"SmartArt 样式"组中，单击"快速样式"栏右侧的"其他"按钮。

❸ 在打开的列表中的"文档的最佳匹配对象"栏中单击 "强烈效果"样式。

任务 5 更改形状和文本样式

在任务 4 的基础上，更改图形形状和文本的主题样式。

❶ 单击 SmartArt 图形，如"陈圆圆"。

❷ 在"SmartArt 工具"选项卡"格式"子选项卡、"形状样式"组中单击"快速样式"栏右侧的"其他"按钮。

❸ 在打开的列表中，单击所需的主题样式(如"彩色填充 – 橙色，强调颜色 2")。

❹ 重复第❸步设置其他形状。

❺ 选中 SmartArt 图形，在"SmartArt 工具"选项卡"格式"子选项卡的"艺术字样式"组中，单击"文本填充"栏右侧的"其他"按钮，在打开的列表中单击所需要的艺术字样式。

完成实验五后的 SmartArt 图形如图 3.35 所示。

图 3.35 完成实验五后的 SmartArt 图形

实验六 绘制文本框

【实验目的】

掌握文本框的使用技巧。

任务 1 制作年末促销活动宣传单

某灯具商店小李要制作年末促销活动宣传单。在宣传单的文字全部输入后，小李觉得要在宣传单中突出活动中的优惠措施。于是，小李在宣传单文档中绘制如图 3.36 所示的文本框，并将优惠措施部分的文字移进文本框。

❶ 在"插入"选项卡"文本"组中，单击"文本框"按钮，选择"绘制横排文本框"或"绘制竖排文本框"。或者单击"插入"选项卡"插图"组中的"形状"，再选择"文本框"或"竖排文本框"。

❷ 选定插入点，将鼠标指针移动到文档中需要插入文本框的地方，鼠标指针将变成十字线形状。按住鼠标左键，拖动鼠标，绘制文本框。

❸ 当文本框的边框达到所需大小后，释放鼠标。必要时，用鼠标拖动文本框到需要位置。

❹ 将文档中的文字移到文本框(选择文字，按住鼠标左键不放，将文字拖至文本框中)，或在文本框中输入文字。

图 3.36　自主绘制文本框

任务 2　设置文本框的格式

设置任务 1 中文本框的格式，使这部分内容更直观。

❶ 选中要设置格式的文本框。

❷ 在"绘图工具"选项卡"格式"子选项卡的"形状样式"组中单击"快速样式"栏右侧的"其他"按钮▽。

❸ 在快速样式列表中选择一种主题样式(如"细微效果 – 绿色，强调颜色 6")。

或者，单击"形状样式"组右下角的"对话框启动器"，显示"设置形状格式"窗格，如图 3.37 所示。

(a) 填充与线条　　　　　(b) 效果　　　　　(c) 布局属性

图 3.37　"设置形状格式"窗格

在该窗格中，单击"形状选项"的"填充与线条"按钮，在"填充"栏设置文本框填充效果，在"线条"栏设置文本框线型；单击"效果"按钮，在"阴影"栏设置文本框阴影效果等；单击"布局属性"按钮，对文本框布局进行调整。单击"文本选项"，可对文本框中的文本效果等进行设置。

实验七　表格制作

【实验目的】

掌握 Word 文档中的表格制作技巧。

任务 1　制作 2 列 6 行的简单表格

用快速插入表格的方法制作 2 列 6 行的简单表格。

❶ 在打开的文档中，依次单击"文件"选项卡、"新建"命令、空白文档。

❷ 将插入点定位在文档中的合适位置。

❸ 在"插入"选项卡的"表格"组中单击"表格"，在"插入表格"示意框中拖动鼠标，当行数、列数满足要求(这里应当是 2 列 6 行)时，单击鼠标，在文档中插入一个空表格。

在"插入表格"示意框中拖动鼠标时，文档中也显示将要插入的表格，如图 3.38 所示。

图 3.38　快速插入一个空表格

❹ 依次单击"文件"选项卡、"另存为"命令、"浏览"。在"另存为"对话框中，将该文档以"会议议程.docx"为文件名保存到事先规划的文件夹中(如，E 盘 CH03 文件夹)。

使该文档保持打开状态，以便在下面的练习和任务 2 中继续使用。在实验七的系列任务中，我们将逐步制作一个与"会议议程.docx"中表格一样的表格。

任务 2　向表格中输入规划的文本

向任务 1 的空表格中输入规划的文本，如图 3.39 所示。

为了叙述方便，我们用字母表示列标，用数字表示行号，用字母与数字表示单元格，如 A1 表示处于第 A 列第 1 行的单元格。

❶ 单击 A1 单元格，将插入点定位于 A1 单元格。

❷ 键入"2022 年 3 月 28 日星期一"文本。

❸ 由于 B1 单元格中无内容可输入，所以按 2 次 Tab 键，将光标移到 A2 单元格，或单击 A2 单元格。

❹ 键入"15:00 — 21:00"，按 Tab 键或单击 B2 单元格……

❺ 在 B5 单元格中键入文本时，键入"开幕式"后按 Enter 键，键入"主题演讲："后按 Enter 键……直到输入全部文本。

列标	A	B	
行号	**会议议程↵**		
1	2022 年 3 月 28 日星期一↵	↵	↵
2	15:00 — 21:00↵	代表登记注册↵	↵
3	2022 年 3 月 29 日星期二↵	↵	↵
4	7:00 — 7:40↵	中式早点↵	↵
5	8:00 — 10:00↵	开幕式↵ 主题演讲：↵ 俄乌局势与未来世界新格局 — 关志伟↵ 俄乌冲突下中欧共同利益和合作空间探讨 — 吉祥↵	↵
6	10:00 — 10:30↵	与会代表合影，茶歇↵	↵

图 3.39　输入表格内容

❻ 完成文本输入后，单击"快速访问工具栏"上的"保存"按钮，保存该文档。

使该文档保持打开状态，以便在下面的练习和任务 3 中继续使用。

任务 3　调整表格的列宽和行高

精确设置"会议议程.docx"文档中表格的行高度和列宽度。

❶ 选中第 1 行或 A1 单元格(见图 3.39)。

❷ 在"表格工具"选项卡"布局"子选项卡的"单元格大小"组中单击"表格行高"框中的微调按钮，可调整所选定行或单元格所在行的行高度，如调整为 0.75 厘米。

用同样的方法，调整第 2~7 行的行高度，第 5 行的行高度调整为 2.25 厘米。

❸ 选中第 A 列。

❹ 在"表格工具"选项卡"布局"子选项卡的"单元格大小"组中单击"表格列宽"框上的微调按钮，可调整该列的列宽度，如调整为 4.95 厘米。

如果只选中某单元格(如 A1)，那么只能调整 A1 单元格的列宽度，而不能调整 A1 单元格所在列的列宽度。

❺ 在完成了步骤❸、步骤❹的操作后，如果 B 列自动变窄，则可先选中 B 列或 B 列中的某单元格，再在"表格工具"选项卡"布局"子选项卡的"单元格大小"组中单击"自动调整"按钮，然后选择"根据窗口自动调整表格"，使 B 列向右延伸至窗口右边界。

按下列步骤❻~步骤❽，也可以完成步骤❶~步骤❹的操作。

❻ 选中某行或某列。

❼ 在"表格工具"选项卡"布局"子选项卡的"单元格大小"组右下角中单击"对话框启动器"，打开"表格属性"对话框，如图 3.40 所示。

❽ 单击"行"或"列"选项卡，选中"指定高度"或"指定宽度"复选框，输入所需行高值或列宽值，单击"确定"按钮。

❾ 单击"快速访问工具栏"上的"保存"按钮，保存该文档。

使该文档保持打开状态，以便在任务 4 中继续使用。

图 3.40 "表格属性"对话框

任务4 合并单元格

将"会议议程.docx"文档中的表格 A1 单元格与 B1 单元格合并，A3 单元格与 B3 单元格合并。

❶ 选定所有要合并的单元格 A1 和 B1。

❷ 在"表格工具"选项卡"布局"子选项卡的"合并"组中单击"合并单元格"。这时，所选定的单元格 A1 和 B1 合并成一个。

❸ 选定单元格 A3 和 B3。

❹ 重复步骤❷。

❺ 单击"快速访问工具栏"上的"保存"按钮，保存该文档。关闭该文档。

实验八 Word 图表的设计、布局以及格式编辑

【实验目的】

掌握 Word 图表的设计、布局以及格式编辑技巧。

任务 在文档中插入图表

以"金砖五国"2016 年—2021 年 GDP 增长率为例来说明添加图表的方法。

❶ 插入图表。在"插入"选项卡的"插图"组中，单击"图表"按钮 ，打开"插入图表"对话框。在左侧选择需要的图表类型"折线图"选项，在右侧"折线图"列表中选择"折线图"样式，单击"确定"按钮，如图 3.41 所示。

图 3.41　"插入图表"对话框

这时，在 Word 文档中插入一个折线图示例，并出现"图表工具"选项卡，而在屏幕上弹出了一个标题为"Microsoft Word 中的图表"的 Excel 2016 窗口，在其中存放着这个图表的示例数据，如图 3.42 所示。

图 3.42　折线图示例

❷ 编辑数据源。我们用自己搜集的数据直接替换 Excel 工作表中的示例数据，在编辑数据时，Word 文档中的图表会实时发生相应的变化，这是 Office 2016 帮我们提高效率的实时预览

功能。

如果插入点不在 Excel 工作表中，则可在"图表工具"选项卡"设计"子选项卡的"数据"组中单击"编辑数据"按钮，切换到 Excel 工作表窗口中。

Word 采用默认方式插入的图表虽然只有 5 行 4 列，但是增加的数据行列一样会显示在图表中。也可以先在"图表工具"选项卡"设计"子选项卡的"数据"组中单击"选择数据"按钮，如图 3.43 所示，弹出"选择数据源"对话框，单击"图表数据区域"框右侧的压缩对话框按钮 ⬆，然后在 Excel 工作表中选择修改后的全部数据区域(如"$A$1:$F$7")，单击"图表数据区域"框右侧的展开对话框按钮 ▦，最后依次单击"确定"按钮，即可将全部数据区域设置为图表的源数据。

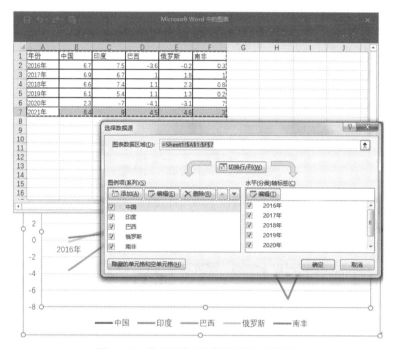

图 3.43　数据源与"选择数据源"对话框

❸　修饰图表。在"图表工具"选项卡"设计"子选项卡的"图表布局"组中单击"快速布局"按钮 ▥ 快速布局▾ ，在其列表框中选择一种布局方案；单击"图表样式"组中的"其他"按钮，在其列表框中选择一种样式；单击"更改颜色"按钮，在其列表中选择一种颜色。

❹　添加坐标轴标题。在"图表工具"选项卡"设计"子选项卡的"图表布局"组中单击"添加图表元素"按钮 ▮ᵢ 添加图表元素▾ ，指向"坐标轴标题"，选择"主要横坐标轴标题"选项，即可在横坐标轴的下方添加一个文本框，然后在其中输入坐标轴标题"国别"。采用同样的方法添加纵坐标轴标题"GDP 增长率"。

❺　添加图表标题。在"图表工具"选项卡"设计"子选项卡的"图表布局"组中单击"添加图表元素"按钮，指向"图表标题"，单击"图表上方"。在图表中选中"图表标题"占位符，输入"'金砖五国'2016 年—2021 年 GDP 增长率"作为图表标题。

❻　添加趋势线。在"图表工具"选项卡"设计"子选项卡的"图表布局"组中单击"添

加图表元素"按钮，指向"趋势线"，选择"线性"，在弹出的"添加趋势线"对话框中选择"中国"，即可在图表中自动生成中国的 GDP 变化趋势线，如图 3.44 所示(图示中的虚线)。用同样的方法，添加俄罗斯、印度、巴西的 GDP 变化趋势线。

图 3.44　添加趋势线

❼　添加预测趋势线。预测趋势线是指预测未来若干时间段内变化趋势的曲线。在"图表工具"选项卡"设计"子选项卡的"图表布局"组中单击"添加图表元素"按钮，指向"趋势线"，选择"线性预测"，在"添加趋势线"对话框中选择"中国"，单击"确定"按钮，即可在图表中添加中国未来 2 年的 GDP 变化趋势线了。

或者，用鼠标右键单击图 3.44 所示的趋势线，在快捷菜单中选择"设置趋势线格式"，显示"设置趋势线格式"窗格，如图 3.45 所示。在该窗格的"趋势线选项"列表中选择"线性"，在"趋势线名称"栏下选择"自动"，在"趋势预测"列表中设置"前推" 2 个周期(这里指未来 2 年)，即可添加预测趋势线了。

❽　添加背景。选中图表中的某个对象，比如背景，先在"图表工具"选项卡"格式"子选项卡的"形状样式"组中单击"其他"按钮，然后在弹出的众多形状样式列表中选择一种即可。

实验九　邮件合并

【实验目的】

(1) 掌握创建或使用现有主文档的方法。

(2) 掌握创建或使用现有数据作为数据源的方法。

图 3.45　"设置趋势线格式"窗格

(3) 掌握在主文档所需的位置插入合并域,执行合并操作。

任务 1 创建主文档

环球旅行公司因业务需要,正在招聘职员,笔试成绩已经公布,公司人事发展部决定对笔试通过的人员进行面试,现为每名进入面试的人员(名单如下)制作一份"面试通知"。因为面试通知中的主要内容相同,只是姓名、应聘部门、应聘职位和笔试成绩等不同,因此,为了确保相关信息不被张冠李戴,可以使用邮件合并完成此项工作,且能提高工作效率。

❶ 新建 Word 文档,并输入如图 3.46 所示的内容。

该文档中已经包含了通知的主要信息,标有"__"的地方是要填写应聘人员相关信息的,现在需要将该文档与应聘人员的"邮件合并 - 数据源.mdb"数据表合并。

❖ 面 试 通 知 ❖

__ __ :

首先感谢您对我公司的支持!您应聘我公司__的__职位,笔试已通过,笔试成绩是__。

请您带上身份证、毕业证、学位证等相关证件原件及复印件 1 份、个人近期 1 吋免冠照片 2 张,于 2022 年 4 月 18 日 9:00 时到我公司培训大楼 302 室面试。

公司地址:滨海市令行大道 33 号

环球旅行公司人事发展部
2022 年 3 月 29 日

图 3.46 要合并的文档

❷ 将该文档以"邮件合并 - 主文档.docx"为文件名保存在 E 盘的 CH03 文件夹中。

❸ 在"邮件"选项卡的"开始邮件合并"组中,单击"开始邮件合并",选择"邮件合并分步向导",显示"邮件合并"任务窗格,如图 3.47 所示。在"选择文档类型"栏选择"信函"。单击任务窗格底部的"下一步:开始文档"。

❹ 在"选择开始文档"栏选择"使用当前文档",如图 3.48 所示。

❺ 单击任务窗格底部的"下一步:选择收件人"。此时任务窗格如图 3.49 所示。

使该文档保持打开状态,以便在任务 2 中继续使用。

任务 2 创建数据源

在任务 1 的基础上,创建包括姓名、性别、应聘部门、应聘职位和笔试成绩等信息的数据源。

图 3.47 "邮件合并"
任务窗格—第 1 步

图 3.48 "邮件合并"
任务窗格—第 2 步

图 3.49 "邮件合并"
任务窗格—第 3 步

❶ 在如图 3.49 所示的任务窗格中的"选择收件人"栏选择"键入新列表";在"键入新列表"栏单击"创建",打开"新建地址列表"对话框,如图 3.50 所示。

图 3.50 "新建地址列表"对话框

❷ 单击"自定义列"按钮,打开如图 3.51 所示的"自定义地址列表"对话框。

❸ 在"字段名"列表中列出了可选择的字段,可以将其删除、重命名,也可添加新字段名。选中字段名"职务",单击"删除"按钮,在弹出的对话框中单击"是",则"职务"字段名被删除。同样,可以删除其他不需要的字段名。

❹ 单击该对话框中的"添加"按钮,弹出"添加域"对话框,在"键入域名"框中键入

新域名(如"应聘部门")后,单击"确定"按钮,"应聘部门"字段名即被添加到"自定义地址列表"中。同样,可以将其他事先规划的字段名等添加进来。

❺ 采用类似的操作,可重命名字段名。

❻ 选中字段名后,单击"上移"或"下移"按钮,可重新安排域的顺序。完成步骤❸~步骤❺的操作后,"自定义地址列表"对话框中的"字段名"列表如图 3.52 所示。

图 3.51　"自定义地址列表"对话框　　　图 3.52　完成后的"自定义地址列表"对话框

❼ 在"自定义地址列表"对话框中单击"确定"按钮。

❽ 在"编辑数据源"对话框中逐条输入记录。输入完一条后,单击"新建条目"按钮,添加新的空白记录,再把新记录添加到数据库。用同样的方法,直到输入完全部记录,则数据源列表创建完成。

❾ 在"编辑数据源"对话框中单击"确定"按钮。弹出"保存通信录"对话框,在"文件名"框中输入"邮件合并 - 数据源",在"保存位置"选择 E 盘下的 CH03 文件夹,单击"保存"按钮。弹出"邮件合并收件人"对话框,如图 3.53 所示。在该对话框中,可以对输入的条目进行编辑、排序,并且可以选择特殊邮件合并中需要用到的条目。单击"确定"按钮,关闭"邮件合并收件人"对话框。

使该文档保持打开状态,以便在任务 3 中继续使用。

任务 3　在主文档中插入合并域

在任务 2 的基础上,在主文档"邮件合并 – 主文档.docx"中插入合并域。

❶ 在"邮件合并"任务窗格底部单击"下一步:撰写信函",切换到如图 3.54 所示的任务窗格。

❷ 如果"主文档"没撰写,则可以在这一步进行。在主文档中输入不变的公用部分内容。

❸ 将插入点移到需要插入合并域的地方,在"邮件合并"任务窗格的"撰写信函"栏单击"其他项目"打开"插入合并域"对话框,从列表框中选择域名并双击域名或单击"插入"按钮,文档中将出现燕尾形符号的合并域,如图 3.55 所示。

图 3.53　"邮件合并收件人"对话框　　　图 3.54　"邮件合并"任务窗格——第 4 步

或者，在"邮件"选项卡的"编写和插入域"组中，单击"插入合并域"按钮 📄 插入合并域 ▾，从下拉列表中选择域名。

图 3.55　在主文档中插入合并域

使该文档保持打开状态，以便在任务 4 中继续使用。

任务 4　把数据合并到主文档

在任务 3 的基础上，将数据源"邮件合并 - 数据源.mdb"文件中的数据合并到主文档"邮

件合并 - 主文档.docx"。

❶ 单击"邮件合并"任务窗格底部的"下一步：预览信函"，可以看到一个合并信函。也可以在"预览信函"栏单击 >> 或 << 一一查看，如图 3.56 所示。

若有必要，可以在"做出更改"栏单击"编辑收件人列表"，对"收件人"重新编辑、排序、筛选。

❷ 单击"下一步：完成合并"，显示任务窗格如图 3.57 所示。

❸ 在"合并"栏单击"打印"，将合并结果打印出来。单击"编辑单个信函"，弹出如图 3.58 所示的"合并到新文档"对话框。如果需要，则单击"全部"单选钮，完成合并，第一条记录显示在一个新文档窗口中，滚动窗口，可查看文档中的全部信函——每一封按位置自成一页。

图 3.56 "邮件合并"任务窗格——第 5 步　　图 3.57 "邮件合并"任务窗格——第 6 步

图 3.58 "合并到新文档"对话框

❹ 将新文档以"邮件合并 - 面试通知.docx"为名保存在 E 盘的 CH03 文件夹下，然后关闭文档。

3.2　案例分析

例 3.1　快速访问工具栏在什么位置？应该什么时候使用它？

答：它位于屏幕左上角，应该在访问常用命令时使用它。

知识点：快速访问工具及其个性化设置。

分析：快速访问工具栏是带有"保存"、"撤消"和"重复"按钮的小尺寸的工具栏。用户可以添加常用命令，具体方法是：单击该工具栏右侧的"更多"箭头，或右键单击某命令并选择"添加到快速访问工具栏"。

例 3.2　在 Word 的编辑状态下，关于拆分单元格，正确的说法是＿＿＿＿＿。

A) 只能将表格拆分为左、右两部分　　　B) 可以自己设置拆分的行、列数

C) 只能将表格拆分为上、下两部分　　　D) 只能将表格拆分为列

答：B。

知识点：表格拆分、单元格拆分。

分析：拆分单元格的操作步骤为，单击要拆分的单元格；在"表格工具"选项卡"布局"子选项卡"合并"组中单击"拆分单元格"按钮⊞ 拆分单元格，打开"拆分单元格"对话框，如图 3.59 所示；用鼠标右键单击要拆分的单元格，在快捷菜单中选择"拆分单元格"命令，也会打开该对话框；在"列数"框输入拟拆分的列数，在"行数"框输入拟拆分的行数；单击"确定"按钮。因此，选项 B 是正确的。

图 3.59　"拆分单元格"对话框

例 3.3　在 Word 的编辑状态下，执行两次剪切操作，则剪贴板中＿＿＿＿＿。

A) 仅有第一次被剪切的内容　　　B) 仅有第二次被剪切的内容

C) 有两次被剪切的内容　　　　　D) 无内容

答：B 或 C。

知识点：剪贴板的应用与操作。

分析：这与 Office 剪贴板的设置有关。默认情况下，如果未打开"剪贴板"任务窗格，第二次被剪切的内容就会覆盖第一次被剪切的内容，而只显示第二次被剪切的内容，如图 3.60(a) 所示。如果打开"剪贴板"任务窗格后执行两次剪切操作，就会发现两次剪切的内容都在剪贴板，如图 3.60(b) 所示。Office 剪贴板最多可存放 24 项内容。

上述两种情况，用户可以通过依次单击"开始"选项卡、"剪贴板"组右下角的"对话框启动器"打开"剪贴板"任务窗格来查看。

如果单击"剪贴板"任务窗格左下角的"选项"按钮，在弹出的菜单中选择"收集而不显示 Office 剪贴板"，如图 3.60(c) 所示，那么无论是否打开"剪贴板"任务窗格，每次被剪切的内容都会存放在剪贴板，直到存满 24 项内容。

(a)未打开"剪贴板"
任务窗格

(b)打开"剪贴板"
任务窗格

(c)收集而不显示 office
剪贴板

图 3.60   "剪贴板"任务窗格及选项

例 3.4 将文件 D:\ABC\JSJ.docx 插入到文档 E:\TZW1\JSJZD.docx 的结尾。

答:具体操作步骤如下。

❶ 打开"JSJZD.docx"文档,将插入点移到文档的结尾。

❷ 在"插入"选项卡的"文本"组中,单击"对象"按钮□·右侧的下拉前头,选择"文件中的文字"命令,打开"插入文件"窗口。

❸ 在"导航"窗格找到 D 盘的 ABC 文件夹,在"内容"窗格选中"JSJ.docx"文件或在"文件名"框中输入"JSJ"。

❹ 单击"插入"按钮。

本问题的关键在步骤❷和步骤❸。如果要插入的文件是旧版本的 Word 文档(.doc 格式),则也可直接进行插入操作;如果要插入的文件不是 Word 文档,那么 Word 要求用户确认是否转换格式。

知识点:用插入文件中的文字的方法可将某文档插入到另一文档中的任意位置,方便地实现文档的连接。

例 3.5 对表 3.1 所示的表格内容依据年龄按升序、入学成绩按降序排序。

表 3.1   学生情况表

学号	姓名	年龄/岁	入学成绩/分
2021180101	于鸿燕	20	521
2021180102	张大伟	18	496
2021180103	李 晓	20	502
2021180104	陈波涛	19	513

答:具体操作步骤如下。

❶ 选中整个表格或在任一单元格中单击。

❷ 在"表格工具"选项卡"布局"子选项卡的"数据"栏中单击"排序"按钮,打开"排序"对话框,如图 3.61 所示。在"开始"选项卡的"段落"组中单击"排序"按钮↕,也可打开该对话框。

图 3.61　　"排序"对话框

❸　如有必要，在"列表"栏下选中列表的"有标题行"单选钮。单击"主要关键字"框右侧的下拉前头，选择"年龄/岁"，在"类型"框中选择"数字"，并按要求选中"升序"单选按钮。在"次要关键字"框中选择"入学成绩/分"，在"类型"框中选择"数字"，并按要求选中"降序"单选按钮。

❹　单击"确定"按钮，完成排序。

本例中，在步骤❶，若只选中标题行以下 4 行，则"排序"对话框中的主、次要关键字框中仅显示"列 1、列 2、列 3、列 4"列表，在"列表"栏下自动选中"无标题行"，其排序依据为列号。本例中分别为"列 3"(与"年龄/岁"对应)、"列 4"(与"入学成绩/分"对应)。

知识点：表格排序。

例 3.6 画出如图 3.62(a)所示的图片，将(a)图左转 90°、水平翻转，分别得到(b)、(c)图。

图 3.62　绘制图形练习示例图

答：本例(a)图由 4 个形状组成，细节见图示标注。操作步骤如下。

❶ 在"插入"选项卡的"插图"组中单击"形状"按钮 ，在"基本形状"列表中选择"椭圆"形状，在画布中拖曳鼠标画出两个椭圆、两个圆，按图 3.62 (a)所示调整图形大小("绘图工具"选项卡"格式"子选项卡的"大小"组)和位置。

❷ 选中(a)图中间的大圆，在"绘图工具"选项卡"格式"子选项卡的"形状样式"组中单击形状样式库的"其他"按钮 ，在列表中选择"浅色轮廓 – 彩色填充，强调颜色 4"样式。

选中(a)图外侧的小圆，在"形状样式"组中，单击"形状轮廓"按钮 ，弹出下拉主题颜色列表，单击选择黄色；单击"形状填充"按钮 ，在主题颜色列表中选择红色。

选中(a)图中的大椭圆，单击"形状轮廓"按钮，选择"无填充颜色"；单击"形状填充"按钮，选择"蓝色，强调文字颜色1，淡色40%"；单击"形状效果"按钮 ，指向"阴影"，单击选中"右下斜偏移"效果。用同样的方法设置小椭圆。

❸ 选中任意的一个圆或椭圆，再按住 Shift 键不放，逐个选中其他的圆或椭圆。或在空白处单击并按住鼠标左键拖出一个框，框住这 4 个图形，以将其全部选中。

❹ 在"绘图工具"选项卡"格式"子选项卡的"排列"组中单击"组合"按钮 ，选择"组合"命令。两个圆和两个椭圆成为一个整体图形。

❺ 选中该组合图形，并复制 2 个副本图形。选中其中一个，在"排列"组中单击"旋转"按钮 ，选择"向左旋转 90°"命令，图形左转 90°，得到图 3.62 (b)所示图形。

❻ 选中另一个副本图形，在"排列"组中单击"旋转"按钮，选择"水平翻转"命令，将图形水平翻转，得到图 3.62 (c)所示图形。

用户将图形旋转任意角度。如图 3.63 所示，选中图形后，会出现一个旋转手柄，用鼠标指向它，鼠标指针变成黑色圆圈状箭头，按鼠标左键指针变成 4 黑色箭头组成的圆圈状，然后拖曳鼠标进行旋转，可自由旋转图形。

图 3.63　自由旋转图形的操作步骤示例

若要取消原来的组合，则先选中这个组合图形，再在"排列"组中单击"组合"按钮 ，选择"取消组合"命令。

知识点：绘制图形、形状效果设置、形状大小设置、图形组合、图形旋转等。

例 3.7 输入"***文本开始***"与"***文本结束***"之间的文字，并以"荆楚理工学院简介"为文件名保存，按照下列要求将其编辑成如图 3.64 所示的图文混排文档。

(1) 将标题文字设置为黑体、二号、居中；将标题文字文本效果设为渐变填充-橙色，内部对角线右上到左下阴影型。

(2) 将正文第 1 段设为宋体、四号字；首行缩进 2 字符，行距为固定值 20 磅。

(3) 将正文第 2、3、4 段设置为隶书、三号，并加上图 3.64 所示的彩色项目符号；在第 2、3、4 段右边空白处添加一幅事先准备的校园风光图片。

图 3.64　编辑后的"荆楚理工学院简介"文档

(4) 添加浅灰色水印效果：爱我荆楚理工。

(5) 添加一个表格，表中字为宋体、五号、深蓝色、加粗。将表格全部边框设置为 1.5 磅深蓝色实线。

文本开始

荆楚理工学院

荆楚理工学院是经教育部批准成立的一所省属全日制普通高等学校，有近 40 年举办高等教育的历史。学校位于湖北省荆门市中心城区白龙山下，依山傍水，风景秀美，文化历史底蕴深厚，是一座山水园林式大学。学校一校区办学，校园占地面积 2400 余亩，校舍建筑面积 35.87 万余平方米。学校教学科研设施齐备，教学科研仪器设备总值1.49亿元。图书馆馆藏纸质图书131余万册，采用了先进的智能图书管理系统，拥有各类电子资源数据库21个。学校宿舍区运动场集中连片，无线网络覆盖全校，生活便利，条件优良。是读书求学、修身养性的理想之处。

学校简介

三十八年校史

校园导览

文本结束

答：具体操作步骤如下。

❶ 启动 Word。按要求输入文本。

❷ 单击"快速访问工具栏"中的"保存"按钮，打开"另存为"窗口，将文档以"荆楚理工学院简介"为文件名保存。

❸ 选中标题文本"荆楚理工学院"。在"开始"选项卡的"字体"组中，单击"字号"框右侧下拉箭头，选择"二号"；单击"字体"框右侧下拉箭头，选择"黑体"；单击"字体颜色"右侧下拉箭头，选择"橙色"，再用鼠标指向"渐变"，选择"对角线右上到左下"阴影型。在"开始"选项卡的"段落"组中，单击"居中"按钮 ≡。

❹ 选中正文第1段文字，按步骤❸的方法设置字体为"宋体"、字号为"四号"。用鼠标指向"标尺"上的"首行缩进"并按下左键，向右拖动2个字符，使首行缩进2个字符。或者，在"开始"选项卡的"段落"组中，单击右下角的"对话框启动器"，打开"段落"对话框，如图 3.65 所示。在"特殊"栏选择"首行缩进"，在"缩进值"栏单击微调按钮，使之为"2字符"，或直接输入"2"。在"行距"栏选择"固定值"，在"设置值"栏单击微调按钮，使之为"20磅"。单击"确定"按钮。

❺ 选中正文第2、3、4段。按步骤❸的方法设置字体为"隶书"、字号为"三号"。在"开始"选项卡的"段落"组中单击"项目符号"按钮 ≔ ▾ 的右侧下拉箭头，在"项目符号库"中选择所需要的项目符号。

❻ 在文档中插入校园风光图片。在"插入"选项卡的"插图"组中单击"图片"按钮 🖾 图片，打开"插入图片"窗口，如图 3.66 所示。在"导航"窗格选中存放图片的文件夹，在"内容"窗格选中要插入的图片，在"预览"窗格可查看图片，单击"插入"按钮，将图片插入到文档中。

图3.65 "段落"对话框

图 3.66　"插入图片"窗口

按上述方法插入到文档中的图片，在图片更新后，原文档中的图片保持不变。若单击"插入"按钮右侧的下拉箭头，在图 3.67 所示的列表中选择"链接到文件"命令，则当图片更新时，文档中的图片会随之更新。

图 3.67　使文档的图片随图片的更新而更新

❼ 选中图片。在"图片工具"选项卡"格式"子选项卡的"大小"组中单击"大小"按钮，设置图片大小(如，高度 3.4 厘米，宽度 5.68 厘米)。在"排列"组中单击"环绕文字"按钮，在下拉列表中选择"四周型"。移动图片到第 2、3、4 段右侧合适的位置。

❽ 在"设计"选项卡的"页面背景"组中单击"水印"按钮 🗋 水印▾，选择"自定义水印"命令，打开"水印"对话框，如图 3.68 所示。选中"文字水印"单选钮，在"语言(国家/地区)"下拉列表中选择"中文(中国)"；在"文字"下拉列表中选择一项，或直接输入文字(这里是"爱我荆楚理工")；分别在"字体"、"字号"、"颜色"下拉列表中作出选择，在"版式"栏选中"斜式"单选钮。依次单击"应用"按钮、"确定"按钮。

图 3.68   "水印"对话框

❾ 在"插入"选项卡的"表格"组中单击"表格"按钮，在表格列表中用鼠标拖出 6 行 4 列的表格，如图 3.69 所示。选中 A1:D1 单元格区域，在"表格工具"选项卡的"合并"组中，单击"合并单元格"按钮 ⊞ **合并单元格**，并在合并的单元格中输入文字"今日课表"；分别选中单元格 A2 和 B2、单元格 A3 和 A4、单元格 A5 和 A6、单元格 C3 和 C4、单元格 C5 和 C6、单元格 D3 和 D4、单元格 D5 和 D6，单击"合并单元格"按钮，分别将它们合并，并按图 3.64 所示输入对应的文字。在其他没有执行合并操作的单元格中输入对应的文字。

行号	列标	A	B	C	D
1		↵	↵	↵	↵
2		↵	↵	↵	↵
3		↵	↵	↵	↵
4		↵	↵	↵	↵
5		↵	↵	↵	↵
6		↵	↵	↵	↵

图 3.69   6 行 4 列的表格

在表格左上角单击"全选"按钮 ⊞，按照第❸步的方法，设置表中字体为"宋体"、字号为"五号"、字体颜色为"深蓝色"、字形为"加粗"。在"表格工具"选项卡的"边框"组中单击"边框"按钮，在下拉菜单中选择"边框和底纹"命令，打开"边框和底纹"对话框，如图 3.70 所示。单击"边框"选项卡，在"设置"栏选择"全部"，在"样式"栏选择"实线"，在"颜色"选择"深蓝色"，在"宽度"栏选择"1.5 磅"，单击"确定"按钮。

❿ 在"快速访问工具栏"中单击"保存"按钮。

知识点：文本输入、字号、文本缩进、插入图片、设置图片大小、设置图片位置、添加水印、表格制作等。

图 3.70　"边框和底纹"对话框

例 3.8　创建自己的书法字帖。

答：具体操作步骤如下。

❶ 依次单击"文件"选项卡、"新建"命令，在"新建"栏下单击"书法字帖"，创建一个书法字帖空白文档。同时，打开如图 3.71 所示的"增减字符"对话框(或在"书法"选项卡的"书法"组中单击"增减字符"按钮)。

图 3.71　"增减字符"对话框

❷ 在该对话框"字体"栏下，选择"书法字体"单选钮，在列表框中选择一种字体；在"排列顺序"列表中选择一种排列顺序。在"字符"栏的"可用字符"列表中选择要练习的字，单击"添加"按钮；在"已用字符"列表中若有不需要的字，则先选中该字，再单击"删除"按钮。

❸ 单击"关闭"按钮，字帖就制作完成了，如图 3.72 所示。

知识点：模板的使用。

图 3.72　汉仪褚楷繁体字帖

3.3　强化训练

一、选择题

1. 功能区的三个主要部分是_____。

A) 选项卡、组和命令　　　　　　　B) "文件"选项卡、选项卡和访问键

C) 菜单、工具栏和命令　　　　　　D) 不确定

2. Word 具有的功能是_____。

A) 表格处理　　　B) 绘制图形　　　C) 自动更正　　　D) 以上三项都是

3. 下列选项不属于 Word 窗口组成部分的是_____。

A) 功能区　　　B) 对话框　　　C) 编辑区　　　D) 状态栏

4. _____是键盘快捷方式的两种基本类型。

A) 导航键和按键提示

B) 快捷键和按键提示

C) 用于启动命令的组合键以及用于在屏幕上的项目之间导航的访问键

D) 启动命令的组合键以及按键提示

5. 在 Word 编辑状态下，绘制一文本框，应使用的选项卡是_____。

A) 开始   B) 插入   C) 页面布局   D) 绘图工具

6. 在 Word 编辑状态下，若要进行字体效果的设置(如上、下标等)，首先应单击_____。

A) "开始"选项卡   B) "视图"选项卡

C) "插入"选项卡   D) "引用"选项卡

7. 通过使用_____，可以应用项目符号列表。

A) "页面布局"选项卡"段落"组   B) "开始"选项卡"段落"组

C) "插入"选项卡"符号"组   D) "插入"选项卡"文本"组

8. 如果在 Word 中单击此按钮▣，会_____。

A) 临时隐藏功能区，以便为文档留出更多空间

B) 对文本应用更大的字号

C) 将看到其他选项

D) 将向快速访问工具栏上添加一个命令

9. 快速访问工具栏_____。

A) 位于屏幕的左上角，应该使用它来访问常用的命令

B) 浮在文本的上方，应该在需要更改格式时使用它

C) 位于屏幕的左上角，应该在需要快速访问文档时使用它

D) 位于"开始"选项卡上，应该在需要快速启动或创建新文档时使用它

10. 在_____情况下，会出现浮动工具栏。

A) 双击功能区上的活动选项卡

B) 选择文本

C) 选择文本，然后指向该文本

D) 以上说法都正确

11. 在 Word 编辑状态下，若只想复制选定文字的内容而不需要复制选定文字的格式，则应_____。

A) 直接单击"开始"选项卡下"剪贴板"组中的"粘贴"按钮

B) 单击"开始"选项卡下"剪贴板"组中的"粘贴"下拉按钮，选择"选择性粘贴"

C) 在指定位置按鼠标右键，然后在快捷菜单中选择"粘贴"命令

D) 以上方法都不对

12. 更改拼写错误的步骤是_____。

A) 双击，然后选择菜单上的某个选项

B) 右键单击，然后选择菜单上的某个选项

C) 单击，然后选择菜单上的某个选项

D) 选中，手工更改

13. 在_____情况下，功能区上会出现新选项卡。

A) 单击"插入"选项卡下的"显示图片工具"命令。

B) 选择一张图片。

C) 右键单击一张图片并选择"图片工具"。

D) 第一个或第三个选项。

14. 在 Word 中无法实现的操作是_____。

A) 在页眉中插入剪贴画 B) 建立奇偶页内容不同的页眉

C) 在页眉中插入分隔符 D) 在页眉中插入日期

15. 关于图文混排，以下叙述中错误的是_____。

A) 可以在文档中插入剪贴画 B) 可以在文档中插入图形

C) 可以在文档中使用文本框 D) 可以在文档中使用配色方案

16. 在 Word 编辑状态下，对于选定的文字_____。

A) 可以移动，不可以复制 B) 可以复制，不可以移动

C) 可以进行移动或复制 D) 可以同时进行移动和复制

17. 在 Word 编辑状态下，若光标位于表格外右侧的行尾处，按 Enter(回车) 键，结果_____。

A) 光标移到下一列 B) 光标移到下一行，表格行数不变

C) 插入一行，表格行数改变 D) 在本单元格内换行，表格行数不变

18. 显示比例缩放控件的按钮在窗口的_____。

A) 右上角 B) 左上角 C) 左下角 D) 右下角

19. 在 Word 的编辑状态下，项目编号的作用是_____。

A) 为每个标题编号 B) 为每个自然段编号

C) 为每行编号 D) 以上都正确

20. 模板与文档的显著差别是_____。

A) 模板包含样式 B) 模板包含 Word 主题

C) 模板包含语言设 D) 模板可以将其自身的副本作为新文档打开

21. 当要将"日期选取器"控件或"格式文本"控件包括在模板中时，应使用_____选项卡。

A) 插入 B) 视图 C) 开始 D) 开发工具

22. 在 Word 编辑状态下，若要进行选定文本行间距的设置，应选择的操作是_____。

A) 单击"开始"选项卡"段落"组"行距"按钮

B) 单击"开始"选项卡"段落"

C) 单击"开始"选项卡"字体"

D) 单击"页面布局"选项卡"段落"

23. 要向页面或文字添加边框或底纹，从_____功能区开始。

A) "绘图工具"选项卡"格式"子选项卡 B) "插入"选项卡

C) "页面布局"选项卡 D) "开始"选项卡

24. 文档中有一个圆形需要应用渐变填充时，第一步是_____。

A) 单击"插入"选项卡 B) 选择圆

C) 单击"绘图工具"　　　　　　　　　　D) 单击"形状填充"按钮

25. 当要更改文档的整个外观时，该应用_____。

A) 页面边框　　　　　B) 段落底纹　　　　C) 主题　　　　　　D) 样式

26. 一般使用_____来访问字体选项。

A) 在"开始"选项卡的"字体"组中单击"对话框启动器"以打开"字体"对话框

B) 选择并右键单击文字，然后单击快捷菜单上的"字体"以打开"字体"对话框

C) 选择要更改的文字，并观察显示的浮动工具栏。指向它，单击所需的任何内容

D) 以上都用

27. 如果要更改刚才应用的艺术字中的字体，那么应当从_____开始。

A) 在"引用"选项卡上单击"添加文字"

B) 在"插入"选项卡上单击"艺术字"

C) 突出显示艺术字文字，然后在"字体"对话框中选择一个不同的字体

D) 单击以选择艺术字文字，然后单击"绘图工具"选项卡的"格式"子选项卡

28. 关闭"修订"的作用是_____。

A) 删除修订和批注　　　　　　　　　　B) 隐藏现有的修订和批注

C) 停止标记修订　　　　　　　　　　　D) 停止批注修订

29. 关于 Word 中的多文档窗口操作，以下叙述中错误的是_____。

A) Word 的文档窗口可以拆分为两个文档窗口

B) 多个文档编辑工作结束后，只能一个一个地存盘或关闭文档窗口

C) Word 允许同时打开多个文档进行编辑，每个文档有一个文档窗口

D) 多文档窗口间的内容可以进行剪切、粘贴和复制等操作

30. 在 Word 的编辑状态下，关于拆分表格，正确的说法是_____。

A) 只能将表格拆分为左、右两部分　　　B) 可以自己设置拆分的行、列数

C) 只能将表格拆分为上、下两部分　　　D) 只能将表格拆分为列

31. Word 2016 文档的后缀默认是_____。

A) .doc　　　　　　　B) .dot　　　　　　C) .docx　　　　　　D) .txt

32. 在 Word 中，当前输入的文字被显示在_____。

A) 文档的尾部　　　　B) 鼠标指针位置　　C) 插入点位置　　　D) 当前行的行尾

33. 在 Word 中，关于插入表格命令，下列说法中错误的是_____。

A) 只能是 2 行 3 列　　　　　　　　　　B) 可以自动套用格式

C) 可调整行、列宽　　　　　　　　　　D) 行、列数可调

34. 在 Word2016 中，可以显示页眉与页脚的视图模式是_____。

A) 草稿　　　　　　　B) 大纲　　　　　　C) 页面　　　　　　D) 全屏幕显示

35. 在 Word 中只能显示水平标尺的是_____。

A) Web 版式视图　　　B) 页面视图　　　　C) 大纲视图　　　　D) 打印预览

36. 在 Word 的编辑状态下，打开文档 ABC，修改后另存为 ABD，则文档 ABC_____。

A) 被文档 ABD 覆盖　　　　　　　　　　B) 被修改未关闭

C) 被修改并关闭　　　　　　　　　　　D) 未修改被关闭

37. 在 Word 的编辑状态下，按钮 的含义是_____。

A) 打开文档　　　　B) 保存文档　　　C) 创建新文档　　　D) 打印文档

38. 在 Word 的编辑状态下，使插入点快速移动到文档末尾的操作是按_____键。

A) PageUp　　　　　B) Alt+End　　　　C) Ctrl+End　　　　D) PageDown

39. 在 Word 的编辑状态下，要将一个已经编辑好的文档保存到当前文件夹外的另一指定文件夹中，正确的操作方法是_____。

A) 单击"文件"选项卡，选择"保存"命令

B) 单击"文件"选项卡，选择"另存为"命令

C) 单击"文件"选项卡，选择"退出"命令

D) 单击"文件"选项卡，选择"关闭"命令

40. 在 Word 中，不能改变叠放次序的对象是_____。

A) 图片　　　　　　B) 图形　　　　　C) 文本　　　　　D) 文本框

41. 在 Word 的编辑状态下，将剪贴板上的内容粘贴到当前光标处，使用的快捷键是_____。

A) Ctrl+X　　　　　B) Ctrl+V　　　　C) Ctrl+C　　　　D) Ctrl+A

42. 在 Word 的编辑状态下，选择整个表格，然后单击"表格工具"选项卡"布局"子选项卡中的"删除"按钮下方的下拉按钮，在弹出的下拉菜单中选择"删除行"命令，将_____。

A) 整个表格被删除　　　　　　　　B) 表格中一行被删除

C) 表格中一列被删除 D) 表格中没有内容被删除

43. 在 Word 的编辑状态下，"视图"选项卡下"窗口"组中的"全部重排"按钮的作用是将所有打开的文档窗口_____。

A) 顺序编码　　　　B) 层层嵌套

C) 堆叠显示　　　　D) 根据实际情况并排排列，充满整个屏幕

44. 在 Word 的编辑状态下，Office 剪贴板未显示，执行两次剪切操作，则剪贴板中_____。

A) 仅有第一次被剪切的内容　　　　　B) 仅有第二次被剪切的内容

C) 有两次被剪切的内容　　　　　　　D) 无内容

45. 在 Word 的编辑状态下，打开一个文档并修改其内容，然后执行关闭操作，则_____。

A) 文档被关闭，并自动保存修改后的内容

B) 文档不能关闭，并提示出错

C) 文档被关闭，修改后的内容不能保存

D) 弹出对话框，询问是否保存对文档的修改

46. 在 Word 的编辑状态下，选择文档全文后，如要通过"段落"对话框设置行距 20 磅的格式，应在"行距"下拉列表框中选择_____。

A) 单倍行距　　　　B) 1.5 倍行距　　　C) 固定值　　　　D) 多倍行距

47. 在 Word 的编辑状态下，若要对当前文档中的文字进行字数统计操作，可通过_____来完成。

A) "开始"选项卡   B) "文件"选项卡

C) "审阅"选项卡   D) "引用"选项卡

48. 在 Word 的编辑状态下，先后打开了 w1.doc 文档和 w2.doc 文档，则_____。

A) 两个文档窗口都显示出来   B) 只能显示 w2.doc 文档窗口

C) 只能显示 w1.doc 文档窗口   D) 打开 w2.doc 后两个窗口自动并列显示

49. 在 Word 的默认状态下，有时会在某些英文下方出现红色的波浪线，这表示_____。

A) 语法错误   B) Word 字典中没有单词

C) 该文字本身自带下划线   D) 该处有附注

50. 在 Word 的编辑状态下，选择当前文档中的一个段落执行删除操作，则_____。

A) 该段落被删除且不能恢复

B) 该段落被删除，但能恢复

C) 能利用"回收站"来恢复被删除的该段落

D) 该段落被移到"回收站"内

51. 在 Word 的编辑状态下，在同一篇文档内用拖动法复制文本时应该_____。

A) 同时按住 Ctrl 键   B) 同时按住 Shift 键

C) 按住 Alt 键   D) 直接拖动

52. 在 Word 的编辑状态下，要设置精确的缩进，应当使用_____。

A) 标尺   B) 样式   C) 段落设置   D) 页面设置

53. 在 Word 的编辑状态下，可以显示页面四角的视图模式是_____。

A) 阅读版式视图   B) 页面视图   C) 大纲视图   D) 各种视图

54. 在 Word 的编辑状态下，按钮 的含义是_____。

A) 左对齐   B) 右对齐   C) 居中对齐   D) 分散对齐

55. 在 Word 的编辑状态下，若要在文档每一页的底端插入注释，应该插入_____注释。

A) 脚注   B) 尾注   C) 题注   D) 批注

56. 下面有关 Word 表格功能的说法不正确的是_____。

A) 可以通过表格工具将表格转换成文本

B) 表格的单元格中可以插入表格

C) 表格中可以插入图片

D) 不能设置表格的边框线

57. 在 word 中，可以通过_____功能区中的"翻译"对文档内容翻译成其他语言。

A) 开始   B) 布局   C) 审阅   D) 引用

58. 给每位家长发送一份《期末成绩通知单》，用_____命令最简便。

A) 复制   B) 信封   C) 标签   D) 邮件合并

59. 在 Word 中，可以通过_____功能区对不同版本的文档进行比较和合并。

A) 布局   B) 引用   C) 审阅   D) 视图

60. 在 Word 中，可以通过_____功能区对所选内容添加批注。

A) 审阅   B) 布局   C) 引用   D) 插入

二、填空题

1. 在 Word 编辑状态下，"开始"选项卡"字体"组中的按钮 Ⓐ 代表的功能是_____。

2. 文档文件和模板文件之间的一个差异会体现在文件名的扩展名(句点之后的字母) 中。模板文件的文件扩展名是_____。

3. Word 是办公软件_____中的一个组件。

4. 在 Word 中选择打印选项的方法是_____。

5. 在 Word 的默认状态下，有时会在某些英文文字下方出现绿色的波浪线，这表示_____。

6. 在 Word 中，在状态栏中单击"中文(中国)"按钮，会显示"_____"对话框。

7. 在 Word 中，选定文本后，会显示出_____，可以对字体进行快速设置。

8. 在 Word 文档的录入过程中，如果出现了错误操作，可单击快速访问工具栏中_____按钮取消次操作。

9. 段落的缩进方式主要包括_____、左缩进、右缩进和_____等。

10. 在 Word 中，选定要移动的文本，然后按快捷键_____，将选定文本剪切到剪切板上：再将插入点移到目标位置上，按快捷键_____粘贴文本，即可实现文本的移动。

11. 在 Word 中，用户可以同时打开多个文档窗口。当多个文档同时打开后，在同一时刻有_____个活动文档。

12. 在 Word 编辑状态下，改变段落的缩进方式、调整左右边界等最直观、快速的方法是利用_____。

13. 若想执行强行分页，则需执行"_____"选项卡"_____"组中的"_____"命令。

14. 在 Word 编辑状态下，格式刷可以复制_____。

15. 当命令呈现灰色状态时，表示这些命令当前_____。

16. 在 Word 的编辑状态下，可以显示水平标尺的两种视图模式分别是_____和_____。

17. 打开文档的快捷键是_____。

18. 文字的格式主要指文字的_____、_____、字形和颜色。

19. Word 提供了多种视图模式,分别是_____、_____、_____、_____、_____。

20. 在 Word 中，给图片或图像插入题注是选择_____功能区中的命令。

21. 在"插入"选项卡"符号"组中，可以插入_____、_____和_____等。

22. 在 Word 中的邮件合并，除需要主文档外，还需要已制作好的_____支持。

23. 在 Word 中插入了表格后，会出现"_____"选项卡，对表格进行"_____"和"_____"的操作设置。

24. 在 Word 中，进行各种文本、图形、公式、批注等搜索可以通过_____来实现。

25. 在 Word 的"开始"选项卡"_____"组中，可以将设置好的文本格式进行"将所选内容保存为新快速样式"的操作。

三、操作题

1. 改变 Office 界面的颜色。

2. 去除屏幕提示信息。

3. 关闭实时预览效果。

4. 让 Word 开机后自动运行。

5. 让 Word 2003 打开 Word 2016 文档，加密已有的 Word 文档。

6. 将指定功能添加到快速访问工具栏

7. 修改文档保存的默认路径。

8. 删除最近打开的文档列表。

9. 设置定时自动保存文档。

10. 快速更改英文字母的大小写。

11. 用 Tab 键输入多个空格。

12. 快速重复输入文本。

13. 从网上复制无格式文本。

14. 删除文档中的所有空格。

15. 在文档中输入超大文字。

16. 为文字添加圆圈、三角形或正文形外框。

17. 为文字添加汉语拼音。

18. 快速清除文档格式。

19. 对齐大小不一的文字。

20. 在文档中连续插入相同的形状，在形状中添加文字。

21. 在文档中插入一幅联机图片。

22. 提取 Word 文档中的所有图片。

23. 使用形状制作印章。

24. 在表格中添加斜线。

25. 将表格转换为文本，将文本转换为表格。

26. 对表格中的数据进行简单计算。

27. 为表格添加图片背景。

28. 将标题文本格式快速以正文字体显示。

29. 让目录随文档变化自动更新。

30. 为图片添加题注。

31. 让脚注与尾注互换。

32. 设置自动更新域。

33. 设置不检查拼写和语法。

34. 使用"审阅窗格"单独查看批注，隐藏批注。

35. 比较修订前后的文档。

36. 统计文档中的字数。

37. 设置文档装订线位置。

38. 使文档内容居中于页面。

39. 将文档背景设置为稿纸样式，为文档添加网格线。

40. 打印当前页内容，手动双面打印。

3.4 参考答案

一、选择题

1～5. ADBDB；	6～10. ABCAC；	11～15. BBBCD；	16～20. DCDBD
21～25. DADBC；	26～30. DDCAC；	31～35. CCACB；	36～40. DBCBC
41～45. BACBD；	46～50. CCBBB；	51～55. ACBCA；	56～60. DCDCA

二、填空题

1. 字符边框　　　　　2. dotx　　　　　　　3. Office

4. "文件"选项卡"打印"　　　　5. 语法错误　　　6. 语言

7. 浮动工具栏　　　　8. 撤销　　　　9. 首行缩进、悬挂缩进

10. Ctrl+X、Ctrl+V　　11. 1　　　　12. 标尺

13. 插入、页面、分页 (说明：次序不能颠倒)　14. 字符格式

15. 不可用　　　　16. 页面视图、草稿

17. Ctrl+O　　　　18. 字体、字号

19. 页面视图、阅读版式视图、Web 版式视图、大纲视图、草稿

20. 引用　　　　21. 公式、符号、编号　　　22. 数据源

23. 表格工具，设计、布局　　24. 导航　　25. 样式

三、操作题

1. 在 Office，用户可以根据个人喜好从三种预置的界面颜色中选择任意一种。以 Excel 为例，操作步骤如下。

❶ 启动 Excel 2016，依次单击"文件"选项卡、"选项"命令。

❷ 打开"Excel 选项"对话框，单击左侧列表中的"常规"选项；在右侧的"对 Microsoft Office 进行个性化设置"栏下的"Office 主题"下拉列表中，从彩色、深灰色、白色中选择一种颜色，如彩色；在"Office 背景"下拉列表中选择一种背景，如春天。单击"确定"按钮，如图 3.73 所示。

2. 在编辑文档时，用户可能已经对 Office 应用程序和各项功能很熟悉了，不再需要显示这些提示信息，那么可以将此功能关闭。以 Excel 为例，操作步骤如下。

❶ 启动 Excel 2016，依次单击"文件"选项卡、"选项"命令。

❷ 打开"Excel 选项"对话框，单击左侧列表中的"常规"选项；在右侧"用户界面选项"栏下的"屏幕提示样式"下拉列表中选择"不显示屏幕提示"；单击"确定"按钮。

图 3.73 "Excel 选项"对话框

3. Office 的实时预览功能需要耗费一定的系统性能。如果希望 Office 以速度优先，那么可以关闭实时预览功能。以 Word 为例，操作步骤如下。

❶ 启动 Word 2016，依次单击"文件"选项卡、"选项"命令。

❷ 打开"Word 选项"对话框，单击左侧列表中的"常规"选项；在右侧"用户界面选项"栏下单击取消选择"启用实时预览"复选框；单击"确定"按钮。

4. 对于经常需要使用 Word 的用户，可以将 Word 程序添加到"开始"菜单中的"启动"组中，电脑开机会自动运行 Word。操作步骤如下。

❶ 选中 Word 图标，按住鼠标左键不放将图标拖动至任务栏左侧的"开始"按钮；在弹出的菜单列表中指向"所有程序"命令。

❷ 在所有程序列表中指向"启动"文件夹后，放开鼠标左键，如图 3.74 所示。"Word"添加到"启动"文件夹中的效果如图 3.75 所示。

图 3.74 拖动 Word 图标到"启动"文件夹　　3.75 "Word"添加到"启动"文件夹中的效果

5. 让 Word 2003 打开 Word 2016 文档，加密已有的 Word 文档。

❶ 依次单击"文件"选项卡、"另存为"命令。

❷ 在"另存为"对话框中单击选择文件保存的位置；输入文件名称；在"保存类型"下拉列表中选择"Word 97-2003 文档"类型；单击"保存"按钮，如图 3.76 所示。

图 3.76 "另存为"对话框

❸ 依次单击"文件"选项卡、"信息"命令。

❹ 在"信息"栏单击"保护文档"按钮；在下拉列表中单击"用密码进行加密"命令。

❺ 在"加密文档"对话框的密码框中输入密码；单击"确定"按钮。

❻ 在"确认密码"对话框中再输入一次密码；单击"确定"按钮。

❼ 完成密码设置后，在信息面板的"保护文档"按钮右侧显示"权限"样式，单击"保存"命令，即可使该文档设置的密码生效。

6. 在默认情况下，快速访问工具栏只提供 3 个按钮，用户可以将指定功能添加到快速访问工具栏。操作步骤如下。

❶ 光标指向功能区中欲添加到快速访问工具栏的按钮(如"加粗"按钮)，单击鼠标右键。

❷ 在弹出的快捷菜单中单击"添加到快速访问工具栏"命令。

7. 默认情况下，文档保存路径是系统的"文档"文件夹，但用户可能修改文档保存的默认路径。操作步骤如下。

❶ 依次单击"文件"选项卡、"选项"命令。

❷ 在"Word 选项"对话框中依次单击左侧面板中的"保存"选项、右侧面板中"默认本地文件位置"框后面的"浏览"按钮。

❸ 打开"修改位置"对话框，单击选择存放文件的位置。

❹ 单击"确定"按钮，返回"Word 选项"对话框，再单击"确定"按钮，关闭对话框。

8. 删除最近打开的文档列表。

❶ 依次单击"文件"选项卡、"打开"命令、"文档"选项。

❷ 用鼠标右键单击要清除的文档，在快捷菜单中选择"清除已取消固定的项目"命令。在弹出的"Microsoft Word"提示框中单击"是"按钮。

❸ 单击"文件夹"选项，用鼠标右键单击要清除的文件夹，在快捷菜单中单击"清除已取消固定的项目"命令。在弹出的"Microsoft Word"提示框中单击"是"按钮。

9. 在使用 Word 的过程中，有可能意外关闭程序，为了减少信息的丢失，Word 提供了"自动保存"文档的功能。操作步骤如下。

❶ 依次单击"文件"选项卡、"选项"命令。

❷ 在"Word 选项"对话框中，单击左侧面板中的"保存"选项，在右侧面板"保存文档"栏下选中"保存自动恢复信息时间间隔"复选框，并输入自动保存时间(1 到 120 的整数)，如图 3.77 所示。

图 3.77 设置定时自动保存文档

❸ 单击"确定"按钮。

10. 用户在录入英文时，为了提高输入速度，可以直接输入英文大写或小写。在文档输入完成后，使用 Word 提供的"更改大小写"功能直接对单词进行更改。操作步骤如下。

❶ 选中要更改的英文文本。

❷ 在"开始"选项卡的"字体"组中，单击"更改大小写"按钮，如图 3.78 所示。

❸ 在弹出的菜单中选择切换大小写的方式，如"句首字母大写"。

11. 默认情况下，在 Word 中按空格键，向后移动 1 个字符，按 Tab 键向后移动 2 个字符。如果要在文档中输入多个空格，则可用 Tab 键操作。操作步骤如下。

❶ 将鼠标指针定位在需要添加空格的文本前面。

❷ 按键盘上的 Tab 键输入空格。

12. Word 为用户提供了记忆功能,当用户需要重复某些内容时,可以使用"重复"命令(F4键),快速重复输入已经输入过的文本。但是,在输入英文和中文文本时,该键的作用略有不同。输入中/英文的功能如下。

图 3.78　更改英文字母的大小写

❶ 输入中文:按 F4 键重复输入的是上一次输入的完整的一句话。若句子的某个包含数字或英文字母,则从数字或英文字母的后一个中文字开始重复。若句子后输入了空格或回车键,则仅会重复输入一个空格或增加一个段落标记。

❷ 输入英文:按 F4 键重复输入上一次使用 F4 键后输入的所有内容,包括回车和换行符。

13. 默认情况下,从网页中直接复制文本在 Word 中粘贴会出现网页中的回车符。复制无格式文本的操作步骤如下。

❶ 打开所需要的网页,选中网页中所需要的文字。按 Ctrl+ C 组合键,或者单击浏览器相应菜单中的"复制"命令。

图 3.79　"只保留文本"按钮

❷ 返回到 Word 文档,在"开始"选项卡"剪贴板"组中,单击"粘贴"下方的三角按钮。在弹出的列表中单击"只保留文本"按钮,如图 3.79 所示。

或者,单击"选择性粘贴"命令,在弹出的"选择性粘贴"对话框中选择"无格式文本"后单击"确定"按钮,如图 3.80 所示。

14. 如果文档中有较多空格需要删除,为了提高工作效率,就可以使用查找和替换功能来快速删除文档中的所有空格。操作步骤如下。

❶ 在"开始"选项卡的"编辑"组中单击"替换"命令,打开"查找和替换"对话框,在"查找内容"框中输入空格,如图 3.81 所示。

❷ 在"替换为"框中不输入任何内容,单击"全部替换"按钮。

15. 用户可在"字号"列表框中选择最大的字号为"初号"和"72 磅"。这两种字号都无法满足用户制作超大文字的需要。在 Word 中制作超大文字的操作步骤如下。

❶ 在"布局"选项卡的"页面设置"组中,依次单击"纸张方向"、"横向"命令。

图 3.80　"选择性粘贴"对话框

图 3.81　"查找和替换"对话框

❷ 选中文本，在"开始"选项卡"字体"组的"字号"框中直接输入数字(如"144")，按 Enter 键。

16. 在编辑特殊文档格式时，可以为文字添加圆圈、三角形、菱形或正文形外框，这样可以起到强调文字的效果，操作步骤如下。

❶ 选中要添加圆圈、三角形或正文形外框的文字。

❷ 在"开始"选项卡的"字体"组中单击"带圈字符"按钮〔字〕，打开"带圈字符"对话框，如图 3.82 所示。

❸ 在"带圈字符"对话框的"样式"栏中选择样式，在"圈号"列表中选择所需的圈号，单击"确定"按钮。

17. 在文档中可以利用"拼音指南"的功能为文字添加汉语拼音，操作步骤如下。

❶ 选中要添加汉语拼音的文本。

❷ 在"开始"选项卡的"字体"组中单击"拼音指南"按钮〔wén字〕，打开"拼音指南"对话

框，如图 3.83 所示。

图 3.82 "带圈字符"对话框   图 3.83 "拼音指南"对话框

❸ 在"拼音指南"对话框中设置拼音的对齐方式、偏移量、字体和字号，单击"确定"按钮。

18. 如果在文档中应用了太多的格式，可以使用"清除所有格式"功能快速清除文档格式，操作步骤如下。

❶ 选中需要清除格式的文本。

❷ 在"开始"选项卡的"字体"组中单击"清除所有格式"按钮即可清除文档格式，使之返回到最初输入的效果。

19. 在文档中，如果对文字、图片进行混排，或存在大小不一的文字时，就可以使用段落垂直对齐、底端对齐的方法来完成，操作步骤如下。

❶ 选中需要进行底端对齐的文本。

❷ 在"开始"选项卡的"段落"组中单击右下角的"对话框启动器"按钮，打开"段落"对话框，如图 3.84 所示。

❸ 在"段落"对话框中单击"中文版式"选项卡，在"字符间距"栏的"文本对齐方式"下拉列表中选择一种文本对齐方式(如"居中")，单击"确定"按钮。

20. 在文档中制作相同的形状可以使用"复制"命令。而要在文档中连续插入形状相同大小不一的形状时，则应按下列步骤操作。

❶ 在"插入"选项卡的"插图"组中单击"形状"按钮，弹出"形状"列表，如图 3.85 所示。

❷ 在"形状"列表中，用鼠标右键单击所需的形状，在快捷菜单中选择"锁定绘图模式"命令。

图 3.84　"段落"对话框的"中文版式"选项卡

图 3.85　"形状"列表

❸ 在文档中按住鼠标左键拖动绘制形状的大小，在一个形状绘制完成后，鼠标光标仍处于绘图状态(为**十**状态)，直接拖动鼠标就可能继续绘制该形状。

❹ 绘制完成后，按"Esc"键退出。

在形状中添加文字的操作步骤如下。

❺ 选择要添加文字的形状，单击鼠标右键，在弹出的快捷菜单中单击"添加文字"命令，如图 3.86 所示。

❻ 在形状中输入文字，还可以在"开始"选项卡的"字体"组中设置文字的字体字号等。

21．在文档中插入联机图片的操作步骤如下。

❶ 在"插入"选项卡的"插图"组中单击"联机图片"按钮 联机图片，打开"插入图片"面板，如图 3.87 所示。

❷ 在"必应图像搜索"框中输入要搜索图片的词或短语(如"科学")，按 Enter 键或单击"搜索必应" ，打开"联机图片"面板，如图 3.88 所示。

图 3.86 "添加文字"快捷菜单　　　　　图 3.87 "插入图片"面板

图 3.88 "联机图片"面板

❸ 拖动垂直滚动条，在图片列表中选择所需的图片，被选中的图片右上角出现选中符号
✅，"插入"按钮上会显示被选中图片的数量。

如果对所显示的图片不满意，那么可以在"搜索必应"栏再输入词或短语，重新搜索。

❹ 单击"插入"按钮，所选图片会被插入到文档中。

特别提示：在使用联机图片时，要尊重他人的权利，包括版权。

22. 提取 Word 文档中的所有图片的操作步骤如下。

❶ 打开文档，依次单击"文件"选项卡、"另存为"命令、"浏览"选项。

❷ 打开"另存为"对话框，在"保存类型"列表中选择"网页"，如图 3.89 所示。

图 3.89　"另存为"对话框

保存文档后，Word 就会自动把其中的内置图片以"image001.jpg""image002.jpg"
"image003.jpg"格式保存，并且在该文档所在的文件夹中会自动创建一个名为原文件名+.files
的文件夹，进入相应的文件夹就可以进行查看、复制等操作。

23. 使用形状制作印章的操作步骤如下。

❶ 在"插入"选项卡的"插图"组中单击"形状"按钮 形状 ▾，弹出"形状"列表。

❷ 在"形状"列表中单击所需的"椭圆"形状，鼠标光标变成 ✛，按住鼠标左键不放，
拖动绘制椭圆。

❸ 选中刚刚绘制的椭圆形状，在"绘图工具"选项卡"格式"子选项卡的"形状样式"
组中单击"形状填充"按钮 ▾，在菜单中单击"无填充"命令。

❹ 选中椭圆形状，在"绘图工具"选项卡"格式"子选项卡的"形状样式"组中单击"形
状轮廓"按钮 ▾，在菜单中指向"虚线"或"粗细"，在下一级菜单中单击"其他线条"命
令，打开"设置形状格式"窗格，如图 3.90 所示。

❺ 在"设置形状格式"窗格中单击"线条"，轮廓颜色选择"红色"，在线型"宽度"中
设置一个合适的值(如"2.25 磅")，在"复合类型"列表中选择"由粗到细"。

❻ 在"插入"选项卡的"文本"组中单击"艺术字"按钮 ▾，在弹出的列表中选择艺术
字样式，在弹出的艺术字框中输入文字(如"宇宙航天实业有限责任公司")。

❼ 选中刚刚输入的文字，在"绘图工具"选项卡"格式"子选项卡的"艺术字样式"组
中单击"文字效果"按钮 ▾，在弹出菜单中指向"转换"，在下一级列表"跟随路径"栏选
择"拱形"。

❽ 将鼠标光标移到艺术字控制点上，按住鼠标左键不放拖动、缩放艺术字，按住艺术字
控制点调整弧度。

图 3.90 "设置形状格式"对话框

❾ 按相同的方法制作"账务专用章"艺术字后，再插入"形状"列表中的"五角星"样式；选中"五角星"，在"绘图工具"选项卡的"格式"子选项卡的"形状样式"组中，选择"五角星"的"形状填充"颜色和"形状轮廓"颜色。

制作完成的印章如图 3.90 右下角图所示。

24. 在制作一些表格时，通常要在表格左上角的第一个单元格制作指向行、列的表头，用于对表格中的数据项进行分类。设置斜线表头的操作步骤如下。

❶ 在"插入"选项卡的"表格"组中，单击"表格"按钮，弹出"插入表格"列表，拖动选择要插入的表格。拖动鼠标调整表格第一个单元格的大小。

❷ 将光标定位在第一个单元格，在"表格工具"选项卡"设计"子选项卡的"边框"组中单击"边框"按钮，在弹出的菜单中选择"斜下框线"命令，如图 3.91 所示。

❸ 在单元格中输入所需的内容，并将第一行文字设置为右对齐，将第二行文字设置为左对齐。

25. 将表格转换为文本的操作步骤如下。

❶ 选中需要转换的表格行，在"表格工具"选项卡的"布局"子选项卡"数据"组中，单击"转换为文本"按钮，打开"表格转换成文本"对话框，如图 3.92 所示。

图 3.91 "边框"菜单

❷ 单击选择"文字分隔符"栏下的"制表符"单选钮，单击"确定"按钮。

将文本转换为表格的操作步骤如下。

❶ 整理需要转换为表格的文本，用空格或逗号隔开，并选中文本。

❷ 在"插入"选项卡的"表格"组中，单击"表格"按钮，在弹出的菜单中单击"文本

转换成表格"命令，打开"将文字转换成表格"对话框，如图 3.93 所示。

图 3.92　"表格转换成文本"对话框　　　图 3.93　"将文字转换成表格"对话框

❸ 在"将文字转换成表格"对话框中，设置"表格尺寸"，选择"固定列宽"调整操作选项，单击"空格"作为"文字分隔位置"，单击"确定"按钮。

26. 对表格中的数据进行简单计算的操作步骤如下。

❶ 将光标定位至要计算的单元格(如"平均销量"第一个单元格)，在"表格工具"选项卡的"布局"子选项卡"数据"组中，单击"公式"按钮 ⨍𝑥 公式，打开"公式"对话框，如图 3.94 所示。

图 3.94　"公式"对话框

❷ 在"公式"框中输入计算公式"SUM(LEFT)"(表示对"平均销量"单元格左侧的所有单元格数据求和)，单击"确定"按钮。

❸ 计算出第一个单元格的数值后，如果其他单元格也需要使用该公式进行计算，则按"Ctrl+Y"快捷键重复上一步的方法快速计算。

❹ 将所有单元格的数据都计算完后，选中数据并按住鼠标左键不放，拖动至"总销量"列中即可。

❺ 将光标定位于计算平均销量的单元格，在"表格工具"选项卡的"布局"子选项卡"数据"组中，单击"公式"按钮 fx 公式 ，打开"公式"对话框。

❻ 在"公式"框中输入计算公式"AVERAGE(LEFT)"(表示对"平均销量"单元格左侧的所有单元格数据求平均值)，单击"确定"按钮。

❼ 重复步骤❸，在表格中快速进行计算。

27. 在图表中除了使用颜色填充外，还可以使用图片填充图表区域。为图表添加图片背景的操作步骤如下。

❶ 选中要填充图片背景的图表。

❷ 在"图表工具"选项卡的"格式"子选项卡"形状样式"组中，单击"形状填充"按钮 右侧的下拉箭头，在弹出的列表中单击"图片"命令，打开"插入图片"面板，如图3.95所示。

图 3.95 "插入图片"面板

❸ 在"插入图片"面板中，单击"从文件"后的"浏览"，打开"插入图片"对话框，如图3.96所示。在左侧导航窗格选择存在图片的文件夹，在中间的内容窗格选中拟作为背景的图片，在右侧的预览窗格可查看图片。单击"插入"按钮。

填充图片背景后的图表效果如图3.97所示。

28. 将标题文本格式快速用正文字体显示的操作步骤如下。

❶ 在"视图"选项卡的"视图"组中，单击"大纲"按钮 大纲 ，切换到"大纲视图"。

❷ 在"大纲显示"选项卡的"大纲工具"组中，取消选中"显示文本格式"复选框。这时，在"大纲显示"选项卡中将标题以正文字体格式显示。

❸ 如要返回到"普通视图"，则只需单击"关闭大纲视图"按钮。

29. 让目录随文档变化自动更新的操作步骤如下。

图 3.96　"插入图片"对话框

图 3.97　填充图片背景后的图表效果示例

❶ 在"视图"选项卡的"视图"组中，单击"大纲"按钮，切换到"大纲视图"。

❷ 在"大纲显示"选项卡的"大纲工具"组中，单击"显示级别"右侧的下拉箭头，在弹出的列表中选择"正文文本"命令。

❸ 修改完文档中的级别后，在目录上单击鼠标右键，在弹出的快捷菜单中选择"更新域"命令，打开"更新目录"对话框。

❹ 在"更新目录"对话框中选中"更新整个目录"单选钮，单击"确定"按钮。

❺ 修改完成后，单击"关闭大纲视图"按钮。

30. 使用题注插入图片编号后，在文档中增加或删除图片时，可以避免手动插入图片编号引起的错误。为图片添加题注的操作步骤如下。

❶ 在"插入"选项卡的"插图"组中,单击"图片"按钮 图片,打开"插入图片"对话框。

❷ 在"插入图片"对话框中选择需要插入的图片,单击"插入"按钮。

❸ 在"引用"选项卡的"题注"组中,单击"插入题注"按钮,打开"题注"对话框。单击"确定"按钮。

31. 已经插入到文档中的脚注可以直接转换为尾注,尾注也可以转换为脚注。让脚注与尾注互换的操作步骤如下。

❶ 在"引用"选项卡的"脚注"组中,单击对话框启动器,打开"脚注和尾注"对话框,如图 3.98 所示。

❷ 在"脚注和尾注"对话框中,单击"转换"按钮,打开"转换注释"对话框,如图 3.99 所示。选中"尾注全部转换成脚注"单选钮,单击"确定"按钮,返回"脚注和尾注"对话框,单击"插入"按钮,即可完成转换操作。

图 3.98 "脚注和尾注"对话框   图 3.99 "转换注释"对话框

注意:如果打开的文档中有脚注,则在弹出的"转换注释"对话框中,除了"脚注全部转换成尾注"选项外,其他选项均为灰色。

32. 在文档编辑过程中,常常要按 F9 键刷新交叉应用,以修正文档内容。为了提高工作效率,可以让 Word 在打印前自动刷新。设置自动更新域的操作步骤如下。

❶ 依次单击"文件"选项卡、"选项"命令,打开"Word 选项"对话框。

❷ 在"Word 选项"对话框左窗格单击"显示"项,在右窗格"打印选项"栏选中"打印前更新域"复选框,如图 3.100 所示。单击"确定"按钮。

图 3.100 "Word 选项"对话框

33. 在输入文档时，拼写与语法会自动检测文档，如果输入错误，就会出现红色、蓝色或绿色波浪线，影响美观。设置不检查拼写和语法的操作步骤如下。

❶ 在"审阅"选项卡"语言"组中，单击"语言"按钮，在下拉列表中选择"设置校对语言"。

❷ 打开"语言"对话框，如图 3.101 所示，选中"不检查拼写和语法"复选框。

❸ 单击"确定"按钮。

图 3.101 "语言"对话框

34. 在文档内容较多，手动翻页浏览速度过慢或查看时可能会漏掉其中的批注信息，可以使用"审阅窗格"单独查看批注或隐藏批注。操作步骤如下。

❶ 在"审阅"选项卡的"修订"组中单击"审阅窗格"按钮 审阅窗格 ▼。

❷ 如图 3.102 所示,在文档左侧弹出"审阅窗格",主文档修订和批注的所有信息显示在窗口下方。

图 3.102　审阅窗格

❸ 在"审阅"选项卡的"修订"组中,单击"显示标记"按钮 📄 显示标记▼。如图 3.103 所示,在下拉列表中单击"批注"前面的复选框,取消选择。

35. 开启了修订功能的文档,我们可以通过查看修订方式来了解审阅者做了哪些修改,修改了哪些内容。如果没有开启修订功能,那么可以使用比较文档的功能,将原始文档与修订后的文档进行比较,自动生成一个修订文档。操作步骤如下。

图 3.103　"显示标记"下拉列表

❶ 在"审阅"选项卡的"比较"组中,单击"比较"按钮,在下拉列表中单击"比较"命令。

❷ 打开"比较文档"对话框,在"原文档"和"修订的文档"列表框中选择文档,如图 3.104 所示。

❸ 单击"确定"按钮,自动生成"比较结果 2"文档,将有区别的文字标识出来。

36. Word 提供的统计文档字数的功能,可以用来统计文档中的页数、段落数、行数和字数。操作步骤如下。

❶ 在"审阅"选项卡的"较对"组中,单击"字数统计"按钮,打开"字数统计"对话框,即可看到文档统计信息。

❷ 单击"关闭"按钮。

37. 一般地，多于 2 页的文档都需要装订。在 Word 中，装订线有 2 个位置，即顶端、左侧，这取决于纸张类型。设置文档装订线位置的操作步骤如下。

图 3.104 "比较文档"对话框

❶ 在"布局"选项卡的"页面设置"组中，单击右下角的"对话框启动器"按钮，打开"页面设置"对话框。

❷ 如图 3.105 所示，在"页边距"选项卡中设置"装订线"大小、"装订线位置"。

图 3.105 "页面设置"对话框"页边距"选项卡

❸ 单击"确定"按钮。

38. 默认情况下，在文档中输入的文本内容都是顶端对齐的方式，但可以通过页面设置使文档内容居中于页面。操作步骤如下。

❶ 在"布局"选项卡的"页面设置"组中，单击右下角的"对话框启动器"按钮，打开"页面设置"对话框。

❷ 如图3.106所示，在"布局"选项卡的"页面"栏下选择"垂直对齐方式"为"居中"。

图 3.106　"页面设置"对话框"布局"选项卡

❸ 单击"确定"按钮。

39. 默认情况下，文档页面显示方式为白底黑字。有时，需要制作特殊的纸张效果，如将文档背景设置为稿纸样式、为文档添加网格线。将文档背景设置为稿纸样式的操作步骤如下。

❶ 在"布局"选项卡的"稿纸"组中单击"稿纸设置"按钮。

❷ 如图3.107所示，打开"稿纸设置"对话框，在"网格"栏设置"格式""行数×列数""网格颜色"；在"页面""页眉/页脚""换行"等栏进行相关设置。

❸ 单击"确认"按钮，打开"请稍候"对话框，等待载入方格稿纸。

为文档添加网格线的操作步骤如下。

❶ 在"布局"选项卡的"页面设置"组中，单击右下角的"对话框启动器"按钮，打开"页面设置"对话框。

❷ 如图3.108所示，在"文档网格"选项卡中单击"绘制网格"按钮，打开"网格线和参考线"对话框。

图 3.107　"稿纸设置"对话框

❸ 在"显示网格"栏单击"在屏幕上显示网格线"选中复选框，如图 3.109 所示。

图 3.108　"页面设置"对话框"文档网格"选项卡

图 3.109　"网格线和参考线"对话框

❹ 单击"确定"按钮，返回"页面设置"对话框，再单击"确定"按钮。

40. 手动进行双面打印的操作步骤如下。

❶ 依次单击"文件"选项卡、"打印"命令。

❷ 在"设置"栏单击"单面打印"按钮，选择"手动双面打印"。

❸ 单击"打印"按钮，即可开始手动双面打印。

第4章　电子表格软件的使用

4.1　案例实验

实验一　深入了解 Excel 2016 窗口

【实验目的】

(1) 熟悉各选项卡、组、按钮的名称。

(2) 掌握选项卡、组、按钮的功能和使用。

任务　深入了解 Excel 2016 窗口

❶ 将光标指向"开始"选项卡"对齐方式"组中的"自动换行"按钮 ，停留片刻。在屏幕提示框中显示"自动换行"提示信息，如图 4.1(a)所示。

❷ 将光标指向标识 A3 单元格地址提示信息，如图 4.1(b)所示。

(a)自动换行　　　　　　　　　　　　(b)名称框

图 4.1　屏幕提示框

❸ 单击"开始"选项卡的"字体"组或"对齐方式"组或"数字"组右下角的"对话框启动器"，打开"设置单元格格式"对话框，如图 4.2 所示。

单击"字体"组或"对齐方式"组或"数字"组右下角的"对话框启动器"，打开对话框并显示"字体"选项卡或"对齐"选项卡或"数字"选项卡。

❹ 按上述方法熟悉各选项卡、组、按钮的名称。

图 4.2 "设置单元格格式"对话框"字体"选项卡

实验二 工作簿的基本操作

【实验目的】

(1) 学会创建工作簿。

(2) 掌握打开工作簿的步骤,了解自动打开多个工作簿的方法。

(3) 掌握为保存工作簿设置密码的方法。

任务 1 使用模板创建工作簿

❶ 在打开的工作簿中,依次单击"文件"选项卡、"新建"命令,在"新建"栏下选择一个选项(如"个人")或在列表中单击所需要的模板(如"个人月度预算"),如图 4.3 所示。

图 4.3 选择模板

❷ 打开所选模板的面板(如"个人月度预算"面板)，如图 4.4 所示。单击"创建"按钮，下载并新建一个带样式的标准工作簿(如"个人月度预算 1")，如图 4.5 所示。

❸ 在"搜索联机模板"框中输入关键字(如"报表")，单击"开始搜索" 🔍 或按 Enter 键。在搜索结果列表中选择所需要的模板，在打开的面板中单击"创建"按钮，系统将下载并创建基于该模板的工作簿。

❹ 显示格式化了的工作簿，如图 4.5 所示。将该工作簿中的示例数据更改为将填写的数据。

❺ 完成后保存到规划的文件夹(如 E 盘"CH04"文件夹)，退出 Excel。

图 4.4　"个人月度预算"面板

图 4.5　用模板创建的"个人月度预算 1"工作簿

任务2　打开已有工作簿

使用"文件"选项卡打开E盘CH04文件夹下的"成绩汇总表.xlsx"工作簿。

❶ 依次单击"文件"选项卡、"打开"命令、"浏览"选项或双击"已固定"的文件夹，打开"打开"对话框，如图4.6所示。

图4.6　"打开"对话框

❷ 在"导航"窗格选择要打开的工作簿的位置(E盘CH04文件夹)。在"内容"窗格中选中要打开的工作簿"成绩汇总表.xlsx"。

❸ 单击"打开"按钮。或者，在"内容"窗格文件列表中双击要打开的工作簿名"成绩汇总表.xlsx"。

❹ 如果单击"打开"按钮的下拉按钮，则可显示打开下拉菜单，如图4.7所示，在其中可以选择打开方式。

❺ 如果最近使用过该工作簿，那么单击"文件"选项卡后，在"最近"列表中单击该工作簿文件名，也可打开该文件。

图4.7　"打开"对话框中的"打开"按钮下拉菜单

任务3　为保存工作簿设置密码

为防止"成绩汇总表.xlsx"工作簿被非法打开或修改，在保存该工作簿时为其设置一个密码。

❶ 依次单击"文件"选项卡、"另存为"命令、"浏览"选项或双击"已固定"的文件夹，打开"另存为"对话框。

❷ 单击"另存为"对话框右下侧的"工具"按钮，如图4.8(a)所示。

❸ 在下拉菜单中单击 "常规选项"命令，打开"常规选项"对话框，如图4.8(b)所示。

❹ 在"打开权限密码"和"修改权限密码"框中输入密码，单击"确定"按钮。

(a) "工具"按钮

(b) "常规选项"对话框

图 4.8　"常规选项"对话框

❺ 在"确认密码"对话框中重新输入相同的密码，如图 4.9 所示。单击"确定"按钮退出"确认密码"对话框。

(a) 重新输入密码

(b) 重新输入修改权限密码

图 4.9　"确认密码"对话框

❻ 单击"确定"按钮退出"常规选项"对话框。

❼ 单击"另存为"对话框的"保存"按钮，保存"成绩汇总表"工作簿。

❽ 完成后，关闭"成绩汇总表"工作簿。再次打开它时，就需要正确输入密码。

实验三　工作表的基本操作

【实验目的】

(1) 掌握插入新工作表的技巧。

(2) 掌握移动或复制、删除工作表的技巧。

(3) 掌握隐藏/显示工作表的方法。

任务 1　在某工作表前插入新工作表

在 Sheet1 工作表前插入新工作表。

❶ 选择 Sheet1 工作表。

❷ 在"开始"选项卡的"单元格"组中，单击"插入"按钮上的下拉按钮(见图 4.10(a))，在下拉菜单中单击"插入工作表"，如图 4.10(b)所示。

新工作表被插入工作簿中，位于 Sheet1 工作表之前。

❸ 用鼠标右键单击 Sheet1 工作表标签，弹出如图 4.10(c)所示的快捷菜单。

(a) "开始" 选项卡 "单元格" 组

(b) "插入" 按钮下拉菜单　　(c)工作表右键快捷菜单

图 4.10　插入工作表

❹ 在快捷菜单中选择 "插入" 命令，打开 "插入" 对话框，如图 4.9 所示。

图 4.11　 "插入" 对话框

❺ 在该对话框中，选择 "常用" 选项卡列表中的 "工作表"。

❻ 单击 "确定" 按钮。

新工作表已插入 Sheet1 工作表前面。

任务 2　一次性插多张工作表

一次性插入多张工作表，如一次性插入 3 张工作表。

❶ 选中一张工作表标签，如 Sheet1。

❷ 按住 Shift 键，再选中其他 2 张工作表标签，如 Sheet2、Sheet3。

❸ 在"开始"选项卡上的"单元格"组中，单击"插入"，然后单击"插入工作表"。

任务 3　移动或复制工作表

将 Sheet1 工作表移动到 Sheet3 工作表之后，复制 Sheet2 工作表到 Sheet1 工作表之后。

❶ 单击 Sheet1 工作表，并按下鼠标左键。

❷ 拖动 Sheet1 工作表到 Sheet3 工作表后，释放鼠标，完成工作表移动，如图 4.12 所示。

图 4.12　移动工作表

❸ 选定 Sheet2 工作表，按下 Ctrl 键。

❹ 拖动 Sheet2 工作表到 Sheet1 工作表之后。

❺ 释放鼠标和 Ctrl 键，完成 Sheet2 工作表的复制，系统自动将新工作表命名为 Sheet2(2)，如图 4.13 所示。

图 4.13　复制工作表

任务 4　删除一张工作表

删除任务 3 中 Sheet2(2) 工作表。

❶ 选中所要删除的工作表，如 Sheet2(2)。

❷ 单击"开始"选项卡的"单元格"组中的"删除"
按钮上的下拉按钮，如图 4.14 所示。

❸ 选择下拉菜单中的"删除工作表"命令，则所选中
的工作表 Sheet2(2)被删除。

单击鼠标右键后，在快捷菜单中单击"删除"命令可以
代替步骤❷、步骤❸。

图 4.14　删除工作表

任务 5　隐藏/显示工作表

隐藏工作表 Sheet3。

❶ 选中要隐藏的工作表，如 Sheet3。

❷ 单击"开始"选项卡的"单元格"组中的"格式"按钮。

❸ 在"可见性"下单击"隐藏和取消隐藏"，然后单击"隐藏工作表"，如图 4.15 所示。
这时，Sheet3 工作表被隐藏。

图 4.15　隐藏工作表

将隐藏的工作表 Sheet3 再显示出来。

❶ 单击"开始"选项卡的"单元格"组中的"格式"按钮。

❷ 在"可见性"下，单击"隐藏和取消隐藏"，然后单击"取消隐藏工作表"，打开"取
消隐藏"对话框，如图 4.16 所示。

❸ 在"取消隐藏工作表"列表中，选择要显示的已隐藏工作表的名称，如 Sheet3。

❹ 单击"确定"按钮。

图 4.16 "取消隐藏"对话框

实验四 单元格的基本操作

【实验目的】

(1) 掌握选择单元格或单元格区域的技巧。

(2) 掌握条件选定单元格区域的操作方法。

(3) 掌握向单元格或单元格区域输入数据的方法。

(4) 掌握填充柄的使用。

任务 1 选定单元格区域

用 3 种方法选定如图 4.17 所示的单元格区域
A2:C5。

❶ 单击 A2 单元格，并按住鼠标左键拖动光标
到单元格 C5，单元格区域 A2:C5 被选中。其中，
A2 是活动单元格，如图 4.17 所示。被选中的单元
格区域的底色为浅灰色。

图 4.17 选一个单元格区域 A2:C5

❷ 单击 A2 单元格，按住 Shift 键，再单击 C5
单元格，单元格区域 A2:C5 被选中。

❸ 在工作表"名称框"中输入单元格区域地址"A2:C5"后，按 Enter 键，单元格区域 A2:C5
被选中。

任务 2 条件选定单元格区域

在某工作表的 A2:C5 单元格区域的各单元格中均为数值常量，在 D2、D5 单元格中分别输
入了公式"=SUM(A2:C2)/3"、"=SUM(A5:C5)/3"。要求：分别条件选中单元格区域 A2:C5、
D2 和 D5 单元格。

❶ 在"开始"选项卡的"编辑"组中单击"查找和选择"按钮 ，在下拉菜单中选择"定
位条件"命令，打开"定位条件"对话框。

❷ 在该对话框中选择"常量"单选钮，并选中"数字"复选框，如图 4.18(a)所示。

❸ 单击"确定"按钮，这时，单元格区域 A2:C5 被选中，如图 4.18(b)所示。

选择定位条件"常量"、"数字"后，工作表中的数字常量区域单元格被选中

(a) 选中"数字"复选框　　　　　　　(b) 单元格区域 A2:C5 被选中

图 4.18　选中数字常量单元格区域

❹ 重复步骤❶、步骤❷，在"定位条件"对话框中选择"公式"单选钮。

❺ 单击"确定"按钮，这时，单元格 D2 和 D5 被选中，如图 4.19 所示。

❻ 在"开始"选项卡的"编辑"组中单击"查找和选择"按钮，在下拉菜单中选择"公式"命令，也会选中单元格 D2 和 D5。

图 4.19　选中公式单元格区域

任务 3　在单元格中输入数值型数据

在工作表单元格中输入数值型数据。本任务中，B 列单元格宽度设置为 100 像素。

❶ 将光标移动到 B 列与 C 列之间，并变成 ✛ 形状时，按下鼠标左键，左右拖动鼠标，直到 B 列宽度为 100 像素后，释放鼠标。

❷ 单击 B2 单元格，输入"+100"，然后按 Enter 键。

正整数 100 被输入到 B2 单元格中，B3 单元格变成了活动单元格。

❸ 输入"(100)"，然后按 Enter 键。

负整数"-100"被输入到 B3 单元格中，B4 单元格变成了活动单元格。

❹ 输入"618.58"，然后按 Enter 键。

小数"618.58"被输入到 B4 单元格中，B5 单元格变成了活动单元格。

❺ 输入"20100823123456"，然后按 Enter 键。

数字被输入到 B5 单元格中，且显示为"2.01008E+13"，B6 单元格变成了活动单元格。

❻ 输入人民币"￥2100.88"，然后按 Enter 键。

在中文输入状态下，输入"$"后依次输入"2100.88"，在 B6 单元格中显示"￥2,100.88"，B7 单元格变成了活动单元格。

任务 4　在单元格中输入日期型数据

创建一个工作簿，在任一工作表 B1 单元格中输入日期型数据。

❶ 单击 B1 单元格，输入"2022/01/28"，然后按 Tab 键。

Excel 将日期变成 2022/1/28 或 2022-1-28，C1 单元格变成了活动单元格。

❷ 输入"01/28"，再按 Tab 键。

Excel 使用前述相同的日期格式，"1 月 28 日"显示在单元格中，D1 变成了活动单元格。

任务 5　在单元格中快速输入更多数据

在不同单元格中快速输入数据。

❶ 单击 B2 单元格，拖曳光标到 C3 单元格，然后松开鼠标左键。

选中 B2、B3、C2 和 C3 单元格区域。

❷ 输入"89764"，按 Enter 键。

数字输入到 B2 单元格中，B3 单元格变成了活动单元格。

❸ 输入"990126"，按 Enter 键。

数字输入到 B3 单元格中，C2 单元格变成了活动单元格。

❹ 输入"8.34"，按 Enter 键。

数字输入到 C2 单元格中，C3 单元格变成了活动单元格。

❺ 输入"123"，按 Enter 键。

数字输入到 C3 单元格中，B2 单元格又变成了活动单元格。

在不同单元格中一次输入同一数据。

❶ 选中单元格区域 B1:B3，输入"同一数据"，按 Ctrl + Enter 键。

数据"同一数据"被一次输入到 B1、B2、B3 单元格中。

❷ 选中单元格区域 C1:D2，输入"(888)"，按 Ctrl + Enter 键。

负整数"-888"被一次输入到 C1、C2、D1、D2 单元格中。

❸ 选中 B5、C8、D6 不连续的单元格，输入"01/28"，按 Ctrl + Enter 键。

日期数据"1 月 28 日"被一次输入到 B5、C8、D6 单元格中。

任务 6　自动填充文本数据

先分别在 A1、B1、C1 单元格中输入"工号"、"姓名"、"业绩分"，再使用自动填充功能填充，结果如图 4.20 所示。

❶ 单击 A1 单元格，输入"工号"，按 Tab 键，输入"姓名"，按 Tab 键，输入"业绩分"。

❷ 选中 A1:C1 单元格区域，并将光标指向填充柄，如图 4.20 上图所示。

❸ 拖曳填充柄到 I1 单元格，释放鼠标。数据自动填充到 D1:I1 单元格区域中，如图 4.20 下图所示。

任务 7　自动填充等比数列

以向 D1~D6 单元格填充 2、6、18、54、162、486 为例说明填充等比数列的操作步骤。

❶ 单击 D1 单元格，并输入数字"2"。

❷ 在"开始"选项卡的"编辑"组中，单击"填充"按钮⬇▾，在下拉菜单中选择"序列"命令，如图 4.21(a)所示。

图 4.20　重复数据填充过程

(a) 选择"序列"命令

(b) "序列"对话框

图 4.21　自动填充等比数列数据

❸ 在弹出的"序列"对话框中的"序列产生在"栏选择"列",在"类型"栏选择"等比序列",在"步长值"框输入"3",在"终止值"框输入"486",如图 4.21(b)所示。

❹ 单击"确定"按钮,系统即自动在 D1～D6 单元格中生成 2 至 486 的等比数列。

任务 8　自定义序列

自定义序列"金、木、水、火、土"。

❶ 依次单击"文件"选项卡、"选项"命令,弹出 "Excel 选项"对话框。

❷ 在左侧单击"高级",在右侧"常规"选项栏下单击"编辑自定义列表"按钮,打开"自定义序列"对话框。

❸ 在"自定义序列"列表中选择"新序列"。

❹ 在"输入序列"文本框中输入序列"金、木、水、火、土",单击"添加"按钮。新序列添加到"自定义序列"列表中,如图 4.22 所示。

如果在工作表单元格区域中存放有需要自定义的序列,那么可按下列步骤操作。

❺ 重复步骤❶～步骤❸。

❻ 单击"从单元格中导入序列"框中的压缩对话框按钮 ⬆。

图 4.22 输入"自定义序列"

❼ 在工作表中选择存放"金、木、水、火、土"的单元格区域，如 A1:E1。这时，工作表中单元格区域闪烁，单元格区域引用"$A$1:$E$1"显示在"从单元格中导入序列"框中，如图 4.23 所示。

图 4.23 导入"自定义序列"

❽ 单击"导入"按钮,"金、木、水、火、土"被导入"自定义序列"列表。

❾ 单击"确定"按钮退出对话框。

❿ 先选中存放"金、木、水、火、土"的单元格区域,再重复步骤❶、步骤❷,确认所选单元格引用显示在"从单元格中导入序列"框中,单击"导入"按钮。这时,所选的"金、木、水、火、土"序列将添加到"自定义序列"框中。

实验五　公式与函数

【实验目的】

(1) 理解公式、函数的概念,掌握公式、函数的基本使用。

(2) 掌握复制公式的方法,注意观察、理解公式复制后的变化。

(3) 理解函数参数的意义和作用。

(4) 掌握单元格的引用。

(5) 掌握三维引用的应用。

任务 1　在工作表中输入公式

本任务中,要先打开一个工作表或创建一个工作表,然后用不同的方法创建公式。

❶ 单击 H2 单元格,输入"=C2+D2+E2",如图 4.24 所示。

AVERAGE	▼	:	×	✓	f_x	=C2+D2+E2		
▲	A	B	C	D	E	F	G	H	I
1	工号	姓名	业绩分1	业绩分2	业绩分3	业绩分4	业绩分5	小计
2	A0101	杜李荣	85	96	70			=C2+D2+E2
3	A0102	田丽娟	75	90	84			

图 4.24　创建公式

当输入单元格地址(或引用单元格)时,该单元格被选中,且该单元格的边框变成一种特殊的颜色,这种颜色与输入的单元格地址的颜色一致。

❷ 按 Enter 键。

这些单元格的合计"251"显示在 H2 单元格中。H3 单元格变成了活动单元格。

❸ 先输入"=",然后单击 C3 单元格;C3 被添加到公式中,该单元格的边框以带颜色的、闪烁的形式显示,如图 4.25 所示。

被引用的单元格　　　　　　　　公式引用 C3 单元格

图 4.25　在公式中引用一个单元格

❹ 输入"+"，单击 D3 单元格，然后单击"编辑栏"中的"输入"按钮 ✔。

Excel 完成该公式的计算，并显示 C3 单元格的数值加 D3 单元格的数值的结果"165"。

❺ 单击 I2 单元格，在"编辑栏"中输入"=H2/3*0.2"，然后单击"编辑栏"中的 ✔ 按钮。

Excel 计算出三个业绩分平均数的折算值"16.733333333"，并将结果显示在 I2 单元格中。

❻ 单击"开始"选项卡的"数字"组右下角的"对话框启动器"，打开"设置单元格格式"对话框，并显示"数字"选项卡，如图 4.26 所示。

❼ 在"分类"列表中单击"数值"。

❽ 单击"确定"按钮，以默认小数点后 2 位数字的形式显示结果。

图 4.26　"设置单元格格式"对话框

任务 2　复制公式

接着任务 1。先打开一个工作表或创建一个工作表，然后用不同的方法复制公式。

❶ 单击 H2 单元格，向下拖曳填充柄至 H3 单元格。

H5 单元格中的公式"=C5+D5+E5"被复制到 H6 单元格中，在其右下角出现 "自动填充选项"按钮，如图 4.27 所示。

❷ 单击 H3 单元格，在"编辑栏"中观察该单元格中的公式。

该公式从 H2 单元格中复制过来，并且行号由"2"调整为匹配新单元格的行号"3"。

❸ 移动光标到 H3 单元格的填充柄上，拖曳填充柄到 H7 单元格。

该公式被复制到 H4:H7 单元格区域中，如图 4.28 所示。

图 4.27　使用填充柄复制公式

图 4.28　将公式复制到单元格区域中

❹ 单击 I2 单元格,再单击"开始"选项卡的"剪贴板"组中的"复制"按钮。
在 I2 单元格的周围出现一个闪烁的边框。

❺ 单击 I3 单元格并拖曳鼠标至 I7 单元格,以选中 I3:I7 单元格区域。单击"开始"选项卡下的"剪贴板"组中的"粘贴"按钮。

该公式被复制到 I3:I7 单元格区域中。

任务 3　函数的应用

用插入函数的方法计算 H2 单元格中的业绩总分,如图 4.29 所示。

图 4.29　计算 H3 单元格中的总分

❶ 单击 H2 单元格，然后单击"编辑栏"上的"插入函数"按钮 fx，或选择"公式"选项卡"函数库"组中的"插入函数"，或单击"公式"选项卡 函数库 组中的"自动求和"按钮上的下拉箭头，从下拉菜单中选择"其他函数"命令，如图 4.30 所示。显示"插入函数"对话框，如图 4.31 所示。

图 4.30 "自动求和"按钮

图 4.31 "插入函数"对话框

❷ 在"或选择类别"框中，若需要，则单击下拉箭头，然后选择"常用函数"。

❸ 在"选择函数"列表中，单击"SUM"，单击"确定"按钮。显示"函数参数"对话框，并显示用 SUM 函数计算的 C2:G2 单元格区域的总和，如图 4.32 所示。

图 4.32 "函数参数"对话框

❹ 在"函数参数"对话框中，单击"确定"按钮，关闭"函数参数"对话框，并在 H2 单元格中显示计算结果"415"。

任务4 自动求和按钮的使用

使用自动求和按钮计算单元格区域的数据之和。

❶ 单击 H3 单元格。在"公式"选项卡的"函数库"组中,单击"自动求和"按钮 ∑ 自动求和 ▾,在下拉菜单中选择"求和"命令。在 H3 单元格和编辑栏中显示一个 SUM 公式和提示,同时在 C3:G3 单元格区域出现了个闪烁的边框,如图 4.33 所示。

图 4.33 自动求和示例

❷ 按 Enter 键或单击编辑栏上的"输入"按钮 ✓,该公式被输入到 H3 单元格中,同时显示计算结果。

❸ 使用"自动求和"按钮,还可以求平均值、最大值、最小值等。其方法与求和的相同。

任务5 创建三维引用

某学院的辅导员要在如图 4.34 所示的工作簿中查看一学期学生的各门功课的总分、均分、最高分、最低分等信息,他在"成绩汇总表"工作表中使用三维引用来计算。

图 4.34 要创建三维引用的"学期成绩汇总表"

说明:本任务在"成绩汇总表"工作簿中完成,读者可练习自行建立该工作簿。"成绩汇总表"工作簿中有关工作表及存放数据情况为,"高等数学"工作表 P5 单元格中存放数值"77","计算机基础"工作表 Q5 单元格中存放数值"90","数据库原理"工作表 O5 单元格中存放数值"91"。

❶ 单击"成绩汇总表"工作表标签,单击 C3 单元格,在 C3 单元格中输入"=SUM("。

❷ 单击"高等数学"工作表标签,单击 P5 单元格(四周有闪烁的虚框),如图 4.35 所示,然后输入加号"+"。在"高等数学"工作表的"编辑栏"中,将第一个参数和加法运算符添加

到该公式中。

图 4.35　创建一个三维引用

❸ 单击"计算机基础"工作表标签，单击 Q5 单元格，然后输入加号"+"。将第二个参数添加到该公式中。

❹ 单击"数据库原理"工作表标签，单击 O5 单元格，输入"）"，然后按 Enter 键。将最后一个参加添加到该公式中，该公式的结果显示在"成绩汇总表"工作表的 C3 单元格中，三维引用显示在"编辑栏"中，如图 4.36 所示。

图 4.36　三维引用的计算结果

用同样的方法，可计算平均分、最高分和最低分。完成后保存并关闭此工作簿。

实验六　工作表格式化

【实验目的】

(1) 掌握单元格内容的编辑技巧。

(2) 掌握工作表的格式化技巧。

(3) 掌握条件格式化单元格设置方法。

任务 1　"对齐方式"组中按钮的使用

使用"开始"选项卡的"对齐方式"组中的按钮，如图 4.37 所示，设置数据对齐方式、数据旋转。

(a) "对齐方式"组   (b) "方向"下拉菜单   (c) "合并后居中"下拉菜单

图 4.37   "开始"选项卡"对齐方式"组

❶ 在 A1 单元格中输入"顶端左对齐",分别单击"顶端对齐" ⬚、"左对齐" ⬚。

❷ 在 B2 单元格中输入"垂直居中对齐",分别单击"垂直居中" ⬚、"居中" ⬚。

❸ 在 C3 单元格中输入"底端右对齐",分别单击"底端对齐" ⬚、"右对齐" ⬚。

❹ 在 D1 单元格中输入"逆时针旋转 45 度",在"对齐方式"组中单击"方向"按钮 ⬚,在下拉菜单中选择"逆时针角度"命令,D1 单元格中的文本将逆时针旋转 45°。或者,在"方向"下拉菜单中选择"设置单元格对齐方式"命令,打开"设置单元格格式"对话框,在"对齐"选项卡中的"方向"栏右框逆时针 45°处的红色小菱形,单击"确定"按钮。

❺ 用相同的方法设置 A2、A3、B1、B3、C1、C2、D2、D3 单元格中数据的对齐、排列和旋转。

以上操作结果如图 4.38 所示。

图 4.38   对齐、排列和转动示例

任务 2   用"设置单元格格式"对话框为单元格区域设置边框和底纹

为 B2:C4 单元格区域设置边框和底纹;为 D6 单元格设置渐变效果背景色。

❶ 选中 B2:C4 单元格区域。

❷ 单击"开始"选项卡的"字体"组右下角的"对话框启动器",打开"设置单元格格式"对话框,再单击该对话框的"边框"选项卡,如图 4.39 所示。

图 4.39 "设置单元格格式"对话框"边框"选项卡

单击"开始"选项卡的"对齐方式"组或"数字"组右下角的"对话框启动器",也可以打开该对话框。

❸ 在"样式"列表中选择一种线条样式,单击"颜色"栏下拉箭头选择一种框线颜色;在"预置"栏中单击所需的框线按钮,如"外边框";在"边框"栏中单击相应的边框线按钮,或预览草图中单击相应的框线。

❹ 单击"设置单元格格式"对话框的"填充"选项卡,显示如图 4.40 所示的对话框。

❺ 单击"图案样式"下拉列表,选择所需要的图案;单击"图案颜色"下拉列表,选择所需要的颜色。

❼ 选中 D6 单元格。

❽ 重复步骤❷、❹。

❾ 在"背景色"列表中选择所需要的颜色,就可为单元格设置背景色。若单击"填充效果"按钮,则打开"填充效果"对话框,在"颜色"栏选择"单色""双色"或"预设",在"底纹样式"栏选择"水平"或其他,在"变形"栏选择一种变形预览图。

❿ 单击两次"确定"按钮,完成对 D6 单元格渐变效果背景色设置。

任务 3 条件格式化单元格设置

在"成绩汇总表.xlsx"工作簿的工作表"成绩汇总表"中,用快速格式化的方法对仅包含数字的单元格设置格式。

❶ 在指定的工作表中选择单元格或单元格区域，如 C3:E13 单元格区域。

图 4.40　"设置单元格格式"对话框"填充"选项卡

❷ 在"开始"选项卡的"样式"组中单击"条件格式"按钮，在下拉菜单中将光标指向
"突出显示单元格规则"。

❸ 选择所需的命令，如"大于"，如图 4.41 所示。

图 4.41　对仅包含数字的单元格设置格式示例

❹ 输入要使用的值，如在"为大于以下值的单元格设置格式"框中输入"90"；在"设置
为"框中选择所需要格式。

❺ 单击"确定"按钮。

实验七 数据分析与统计

【实验目的】

(1) 掌握对数据进行简单排序、复杂排序的方法。

(2) 掌握对工作表中记录进行筛选的方法。

(3) 掌握数据分类汇总的方法。

(4) 掌握创建分级显示的方法。

(5) 掌握数据透视表与数据透视图的应用。

(6) 掌握合并计算分析数据的方法。

任务 1 使用"排序"按钮对数字数据进行复杂排序

使用"排序"按钮对示例工作表(见图 4.42 所示)中数据进行复杂排序。

	学号	姓名	高等数学	计算机基础	数据库原理	总分	均分	最高分	最低分
				JM大学学生成绩汇总表					
3	308040101	杜李荣	77	90	91	258	86.0	91	77
4	308040102	田丽娟	71	94	66	231	77.0	94	71
5	308040103	欧阳一	76	88	74	238	79.3	88	76
6	308040104	郑智慧	85	85	88	258	86.0	88	85
7	308040105	王军霞	71	84	86	241	80.3	86	71
8	308040106	王玲乐	82	79	72	233	77.7	82	79
9	308040107	刘芬芳	82	89	88	259	86.3	89	82
10	308040108	陈智慧	71	87	85	243	81.0	87	71
11	308040109	林艳丽	75	94	78	247	82.3	94	75
12	308040110	赵艳姣	47	87	90	224	74.7	90	47
13	308040111	王丽艳	72	87	85	244	81.3	87	72

图 4.42 用于排序练习的示例工作表

❶ 单击工作表中存放数据的任意单元格。

❷ 单击"数据"选项卡的"数据和筛选"组中的"排序"按钮,打开"排序"对话框,如图 4.43(a)所示。

(a) "排序"对话框 (b) "排序选项"对话框

图 4.43 "排序"对话框

❸ 单击该对话框"列"下"主要关键字"旁的下拉箭头,在下拉列表中选择用于排序的主要关键字,如"总分"字段;单击"排序依据"列表框旁的下拉箭头,选择排序依据,如"数值";在"次序"框中选择升序或降序,如果选择"自定义序列",则打开"自定义序列"对话框。

❹ 如有必要,单击"添加条件"按钮,添加"次要关键字",再按步骤❸的方法做出选择。

❺ 如有必要,单击"选项"按钮,在弹出图 4.43(b)所示的"排序选项"对话框中做出适当选择后,单击"确定"按钮。

❻ 如有必要,单击"上移"按钮 ▲ 或"下移"按钮 ▼,改变关键字的顺序。

❼ 单击"确定"按钮。

操作完成后,系统将对示例工作表中的数据按总分降序排列;如果总分相同,则按最高分升序排序;如果最高分相同,则按最低分排序。

任务 2　对工作表筛选记录

对图 4.44 所示的示例工作表筛选记录。要求:先将"高等数学"列中大于等于 80 分的记录筛选出来,再将"计算机基础"列中大于等于 90 分的记录筛选出来。

❶ 单击工作表中存放数据的任意单元格。

❷ 在"数据"选项卡的"排序和筛选"组中单击"筛选"按钮。或者,单击"开始"选项卡"编辑"组中的"排序和筛选"按钮,然后单击"筛选"命令。

这时在每个字段旁出现筛选箭头 ▼ (下拉列表箭头),如图 4.44 所示。

图 4.44　自动筛选功能的使用

❸ 单击每个筛选箭头,直接选择符合条件的字段(称为一次筛选)。如,单击"高等数学"筛选箭头,显示筛选菜单,选中大于等于 80 的值,如图 4.45(a)所示,单击"确定"按钮。

❹ 如有必要,则在一次筛选的基础上再用类似的方法筛选其他字段(称为多次筛选)。如,对"高等数学"字段筛选后,再单击"计算机基础"筛选箭头,在筛选菜单中选中大于等于 90 的值,如图 4.45(b)所示,单击"确定"按钮。

筛选结果如图 4.45(c)所示。进行筛选后,字段旁的筛选箭头加了一个漏斗,变为 ▼ 形。

(a) "高等数学"筛选菜单　　(b) "计算机基础"筛选菜单　　(c) 筛选结果

图 4.45　多次筛选示例

❺ 如有必要，还可以将光标指向筛选菜单中的"数字筛选"命令(如果字段值是文本，则为"文本筛选")，显示"数字筛选"子菜单或"文本筛选"子菜单，如图 4.46 所示。

图 4.46　筛选菜单"数字筛选"和"文本筛选"子菜单

❻ 选择菜单中的某个带省略号的命令，或单击菜单底部的"自定义筛选"项，弹出如图 4.47 所示"自定义自动筛选方式"对话框。在该对话框中输入筛选条件(条件中可以包含"与"、"或"运算)，最后单击"确定"按钮。

任务 3　建立一级分类汇总

为图 4.48 所示的一组数据插入一个分类汇总级别。

❶ 按分类字段排序后，单击存放数据的任意单元格。

本任务是以"区域"为主要关键字、以"运动"和"季度"为次要关键字进行排序。

图 4.47   "自定义自动筛选方式"对话框

❷ 在"数据"选项卡"分级显示"组中,单击"分类汇总"按钮 <u>囲 分类汇总</u> ,打开"分类汇总"对话框,如图 4.49 所示。

	A	B	C	D
1	区域	运动	季度	销售额
2	东部	高尔夫球	第 1 季度	5,000.00
3	西部	网球	第 1 季度	500.00
4	西部	网球	第 1 季度	1,200.00
5	东部	户外	第 1 季度	9,000.00
6	东部	高尔夫球	第 2 季度	2,000.00
7	东部	户外	第 2 季度	4,000.00
8	西部	高尔夫球	第 2 季度	3,500.00
9	东部	网球	第 3 季度	2,600.00
10	西部	高尔夫球	第 3 季度	2,800.00
11	西部	户外	第 3 季度	8,000.00
12	东部	高尔夫球	第 3 季度	1,500.00
13	东部	户外	第 4 季度	9,800.00
14	东部	网球	第 4 季度	1,500.00
15	西部	网球	第 4 季度	800.00
16	西部	户外	第 4 季度	6,800.00

图 4.48   要插入分类汇总的数据表

图 4.49   "分类汇总"对话框

❸ 在"分类字段"下拉列表中选择分类字段(本任务选择"区域"),这个字段必须是排序关键字段。

❹ 在"汇总方式"下拉列表框中选择用来计算分类汇总的汇总函数,有求和、平均值、计数、最大值、最小值等(本任务选择"求和")。

❺ 在"选定汇总项"列表框中选中要计算分类汇总值字段名前的复选框(本任务选择"销售额")。

❻ 如果选择"替换当前分类汇总"复选框,则前面分类汇总的结果被删除,以最新的分类汇总结果取代,否则再增加一个分类汇总结果。

❼ 选择"每组数据分页"复选框，分类汇总后在每组数据后自动插入分页符，否则不插入分页符。

❽ 如果选择"汇总结果是否在数据下方"复选框，则汇总结果放在数据下方，否则放在数据上方。

❾ 单击"确定"按钮，系统进行分类汇总，结果如图4.50所示。

	A	B	C	D
1	区域	运动	季度	销售额
2	东部	高尔夫球	第1季度	5,000.00
3	东部	高尔夫球	第2季度	2,000.00
4	东部	高尔夫球	第3季度	1,500.00
5	东部	户外	第1季度	9,000.00
6	东部	户外	第2季度	4,000.00
7	东部	户外	第4季度	9,800.00
8	东部	网球	第3季度	2,600.00
9	东部	网球	第4季度	1,500.00
10	东部 汇总			35,400.00
11	西部	高尔夫球	第2季度	3,500.00
12	西部	高尔夫球	第3季度	2,800.00
13	西部	户外	第3季度	8,000.00
14	西部	户外	第4季度	6,800.00
15	西部	网球	第1季度	500.00
16	西部	网球	第1季度	1,200.00
17	西部	网球	第4季度	800.00
18	西部 汇总			23,600.00
19	总计			59,000.00

图4.50 "分类汇总"结果示例工作表

任务4 建立多级分类汇总

在任务3的一级分类汇总(也称外部组)中插入内部组(也称为嵌套组)分类汇总(多级分类汇总)。

❶ 如有必要，则按分类汇总级别进行排序。

如果在上一任务完成后，接着本任务，则不需要这一步。

❷ 在"数据"选项卡的"分级显示"组中，单击"分类汇总"按钮 分类汇总，打开"分类汇总"对话框。

❸ 在"分类字段"下拉列表中选择嵌套分类字段(本任务中选择"运动")。

❹ 在"汇总方式"下拉列表中，选择要用来计算分类汇总的汇总函数(本任务中选择"求和")。

❺ 清除"替换当前分类汇总"复选框(这一步十分重要，否则不会插入内部组)。

❻ 单击"确定"按钮，系统进行分类汇总，结果如图4.51所示。

分类汇总完后，可以根据分类汇总控制区域中的按钮来折叠或展开工作表中的数据。使用 ➕ 和 ➖ 可以显示或隐藏单个分类汇总的明细行。单击 ➖ 按钮，折叠该组中的数据，只显示该组的分类汇总结果，同时该按钮变成 ➕；单击 ➕ 按钮，可以展开该组中的数据。单击分类控制区域顶端的分级显示符号 1 2 3 4 ，可以只显示那一级的分类汇总和总计的汇总。

图 4.51　多级分类汇总

任务 5　对数据表创建行的分级显示(分组)

对数据表创建行的分级显示的操作步骤如下。

❶ 确保每列在第一行中都有标签(字段名)，在每列中包含相似的内容，并且单元格区域内没有空行或空列。

❷ 选择单元格区域中的一个单元格。

❸ 对构成组的列进行排序。

❹ 插入摘要行。要按行分级显示数据，就必须使摘要行包含引用该组的每个明细数据行

中单元格的公式。可用下列 2 种方法插入摘要行。

◆ 使用"分类汇总"命令插入摘要行。

◆ 使用公式在每组明细数据行的正下方或正上方插入摘要行(详见步骤❺、步骤❻)。

❺ 指定摘要行的位置位于明细数据行的下方还是上方。

◆ 单击"数据"选项卡的"分级显示"组右下角的对话框启动器,打开"设置"对话框,如图 4.52 所示。

◆ 如果要指定摘要行位于明细数据行上方,则清除"明细数据的下方"复选框;如果要指定摘要行位于明细数据行下方,则选中"明细数据的下方"复选框。

图 4.52 "设置"对话框

❻ 使用公式在每组明细数据行的正下方插入摘要行,如图 4.53 所示。选中单元格区域 C2:C4,单击单元格区域右下角的"快速分析"按钮,在其列表中依次单击"汇总"、"求和",汇总结果插入下方单元格。完成摘要行的效果如图 4.54 所示。

❼ 自动分级显示数据。执行下列操作之一。

图 4.53 "快速分析"按钮插入摘要行

第 2~4 行的摘要行 —— C5 中的公式：=SUM(C2:C4)

第 6~8 行的摘要行 —— C9 中的公式：=SUM(C6:C8)

—— C12 中的公式：=SUM(C10:C11)

第 10~11 行的摘要行 —— C13 中的公式：=C5+C9+C12

第 2~12 行的摘要行

第 14~15 行的摘要行 —— C16 中的公式：=SUM(C14:C15)

第 17~18 行的摘要行 —— C19 中的公式：=SUM(C17:C18)

第 20~22 行的摘要行 —— C23 中的公式：=SUM(C20:C22)

第 14~23 行的摘要行 —— C24 中的公式：=C16+C19+C23

第 2~24 行的摘要行 —— C25 中的公式：=C13+C24

图 4.54　自主插入的摘要行

◆ 自动分级显示数据。如有必要，在明细数据区域中选择一个单元格。先在"数据"选项卡的"分级显示"组中单击"组合"按钮上的箭头，然后单击"自动建立分级显示"。

系统自动建立分级显示的结果如图 4.55 所示。

图 4.55　分级显示数据示例

◆ 手动分级显示数据。选中第 2 行至第 24 行(组合第 25 行的所有明细数据)，在"数据"选项卡的"分级显示"组中单击"组合"按钮，选择"组合"命令，打开"组合"对话框，选择"行"，单击"确定"按钮，建立分级显示的外部组。

选中第 2 行至第 12 行(组合第 13 行的所有明细数据)，在"数据"选项卡的"分级显示"组中单击"组合"按钮，选择"组合"命令，打开"组合"对话框，选择"行"，单击"确定"按钮，建立分级显示的一个内部嵌套组(第 2 级)。用相同的操作方法，选中第 14 行至第 23 行(组合第 24 行的所有明细数据)，建立分级显示的另一个内部嵌套组(第 2 级)。

选中第 2 行至第 4 行，在"数据"选项卡的"分级显示"组中单击"组合"按钮，选择"组合"命令，打开"组合"对话框，选择"行"，单击"确定"按钮，建立分级显示的第 3 级内部嵌套组。用相同的操作方法，分别对第 6 行至第 8 行、第 10 行至第 11 行、第 14 行至第 15 行、第 17 行至第 18 行、第 20 行至第 22 行，建立分级显示的第 3 级内部嵌套组。

任务 6　显示或隐藏分级显示的数据

显示或隐藏图 4.52 所示分级显示的数据。

❶ 如果没有看到分级显示符号 1 2 3 4 、＋和−，那么先依次单击"文件"选项卡、"选项"命令、"高级"选项，然后在"此工作表的显示选项"栏下选择工作表，然后选中"如果应用了分级显示，则显示分级显示符号"复选框。

❷ 要显示组中的明细数据，则单击组的 ＋ 按钮；要隐藏组的明细数据，则单击组的 − 按钮。

❸ 要将整个分级显示展开或折叠到特定级别，则在 1 2 3 4 分级显示符号中单击所需级别的数字，较低级别的明细数据就会隐藏起来。

例如，如果分级显示有 4 个级别，则可通过单击 3 隐藏第 4 级别而显示其他级别。

❹ 要显示所有明细数据，则单击 1 2 3 4 分级显示符号的最低级别。例如，如果有 4 个级别，则单击 4 。

❺ 要隐藏所有明细数据，则单击 1 。

任务 7　数据透视表与数据透视图

为图 4.56 所示的工作表分别创建数据透视表和数据透视图。

❶ 选择单元格区域中的一个单元格，或者将插入点放在一个 Excel 表中，如图 4.56 所示。确保单元格区域具有列标题。

❷ 要创建数据透视表，就在"插入"选项卡的"表格"组中单击的"数据透视表"，打开"创建数据透视表"对话框，如图 4.57 所示。

❸ 选择要分析的数据。选中"选择一个表或区域"单选钮，在"表/区域"框中键入单元格区域或表名引用，如"'年度销售数据'!$A$1:$D$16"。

如果在启动对话框之前选定了单元格区域中的一个单元格或者插入点位于表中，Excel 就会在"表/区域"框中显示单元格区域或表名引用。

或者，若要选择单元格区域或表，则单击"压缩对话框"按钮 ⬆ 以临时隐藏对话框，在工作表上选择相应的区域，然后单击"展开对话框"按钮 ⬇ 。

	A	B	C	D
1	区域	运动	季度	销售额
2	东部	高尔夫球	第 1 季度	5,000.00
3	东部	高尔夫球	第 2 季度	2,000.00
4	东部	高尔夫球	第 3 季度	1,500.00
5	东部	户外	第 1 季度	9,000.00
6	东部	户外	第 2 季度	4,000.00
7	东部	户外	第 4 季度	9,800.00
8	东部	网球	第 3 季度	2,600.00
9	东部	网球	第 4 季度	1,500.00
10	西部	高尔夫球	第 2 季度	3,500.00
11	西部	高尔夫球	第 3 季度	2,800.00
12	西部	户外	第 3 季度	8,000.00
13	西部	户外	第 4 季度	6,800.00
14	西部	网球	第 1 季度	500.00
15	西部	网球	第 1 季度	1,200.00
16	西部	网球	第 4 季度	800.00

图 4.56 创建数据透视表或数据透视图示例工作表(表名——年度销售数据)

图 4.57 "创建数据透视表"对话框

注意：如果区域在同一工作簿上的另一个工作表中或者在另一个工作簿中，则使用以下语法键入工作簿和工作表名称：[workbookname]sheetname!range

❹ 若使用外部数据，则选中"使用外部数据源"单选钮，再单击"选择连接"按钮，打开"现有连接"对话框。选中"连接"选项卡，在"显示"下拉列表框中选择要为其选择连接的连接类别，或选择"所有连接"，从"选择连接"列表框中选择连接，然后单击"打开"。

❺ 指定放置数据透视表位置。

若要将数据透视表放在新工作表中，并以单元格 A1 为起始位置，则选中"新工作表"单选钮。

若要将数据透视表放在现有工作表中，则选择"现有工作表"，然后指定要放置数据透视表的单元格区域的第一个单元格，如在"位置"框中直接输入 F2。

也可以单击"压缩对话框"按钮 ⬆ 以临时隐藏对话框，在工作表上选择单元格以后，再按"展开对话框"按钮 ⬇ 。

❻ 单击"确定"按钮。

Excel 会将空的数据透视表添加至指定位置并显示"数据透视表字段列表"任务窗格，如图 4.58 所示。在此可以添加字段、创建布局以及自定义数据透视表。

图 4.58　空数据透视表与"数据透视表字段列表"任务窗格

❼ 在"选择要添加到报表的字段"列表中，用鼠标将"运动"拖到"行"区域中，将"季度"拖到"列"区域中，将"销售额"拖到"值"区域中，将"区域"拖到"筛选"区域中。

Excel 会自动生成数据透视表，如图 4.59 所示。

观察图 4.56 所示的源数据和图 4.59 所示的数据透视表，发现图 4.59 所示单元格 H5 中的值是源数据 D3、D10 中的值汇总，I5 中的值是源数据 D4、D11 中的值汇总。可见，在数据透视表中，源数据中的每列或每个字段都成为汇总多行信息的数据透视表字段。

单击数据透视表中的任意单元格，显示"数据透视表工具"选项卡，包含"分析"和"设计"2 个子选项卡。通过它们，可以格式化数据透视表和进行数据分析。

	F	G	H	I	J	K
1	区域	(全部) ▼				
2						
3	求和项:销售额	列标签 ▼				
4	行标签 ▼	第1季度	第2季度	第3季度	第4季度	总计
5	高尔夫球	5000	5500	4300		14800
6	户外	9000	4000	8000	16600	37600
7	网球	1700		2600	2300	6600
8	总计	15700	9500	14900	18900	59000

图 4.59 "年度销售数据"数据透视表

⑧ 若要创建一个数据透视图，则执行步骤❶后，在"插入"选项卡的"图表"组中单击"数据透视图"按钮。或单击"数据透视图"按钮上的箭头，在下拉菜单中选择"数据透视图"命令。打开"创建数据透视图"对话框，如图 4.60 所示。

图 4.60 "创建数据透视图"对话框

⑨ 重复步骤❸~步骤❻后，Excel 会将空的数据透视图添加至指定位置，同时添加空的数据透视表，并显示图 4.61 所示的"数据透视图字段"任务窗格。

⑩ 选中"选择要添加到报表的字段"列表中的"区域"、"运动"、"季度"，"销售额"自动添加到"值"区域中，"季度"自动添加到"轴(类别)"区域中，将"运动"拖到"图例(系列)"区域中，将"区域"拖动到"筛选"区域中。数据透视图和数据透视表随之形成，如图 4.62 所示。

单击数据透视图，系统显示"数据透视图工具"选项卡，该选项卡包含"分析"、"设计"和"格式"3 个子选项卡。通过它们，可以格式化数据透视图和进行数据分析。

图 4.61　创建数据透视表和数据透视图

图 4.62　"年度销售数据"数据透视图

任务8　用合并计算进行数据分析

JM 大学计算机学院在一个学期结束后要评奖学金了，辅导员张老师便向各科任教师要来了学生高等数学、计算机基础、数据库原理等课程成绩的电子表格，拟按总分、均分、最高分和最低分汇总学生成绩，以便为评奖提供依据。他的做法如下。

❶ 将各门课程成绩工作簿存放在 E 盘 CH04 文件夹中。逐一查看各个待合并的工作簿中的工作表(各科学生成绩的电子表格)中的数据，按"学号"升序排序，如图 4.63 所示，为合并报表做准备。

用于合并计算的数据源，"高等数学"的总评成绩在"高等数学成绩表.xlsx"工作簿"Sheet1"工作表 P5:P68 单元格区域中；"计算机基础"的总评成绩在"计算机基础成绩表.xlsx"工作簿"Sheet1"工作表 Q5:Q68 单元格区域中；"数据库原理"的总评成绩在"数据库原理成绩表.xlsx"工作簿"Sheet1"工作表 O5:O68 单元格区域中。

图 4.63　用于合并计算的课程成绩工作簿示例

❷ 创建"学期成绩总表"工作簿，在主工作表中的合并数据单元格区域中单击左上方的单元格(如 C3)，如图 4.64 所示。

图 4.64　待进行合并计算的主工作表

❸ 在"数据"选项卡的"数据工具"组中，单击"合并计算"按钮，打开"合并计算"对话框，如图 4.65 所示。

图 4.65　"合并计算"对话框

❹ 在"函数"下拉列表框中，选择用来对数据进行合并计算的汇总函数，如"求和"。

❺ 单击"浏览"按钮，在 E:\CH04 文件夹中找到"高等数学成绩表"工作簿，并将其打开，然后单击"确定"按钮以关闭"浏览"对话框。

或者，先将用于合并计算的工作簿全部打开。

❻ 在"引用位置"框中输入"[高等数学成绩表.xlsx]Sheet1!$P$5:$P$68"。"[]"中是工作簿名称，表示文件路径；$P$5:$P$68 为单元格区域。单击"添加"按钮。

在"引用位置"框中输入"[计算机基础成绩表.xlsx]Sheet1!$Q$5:$Q$68"，单击"添加"按钮。用相同的方法，把另外的数据添加到对话框中。

或者，先依次单击"引用位置"框中的"压缩对话框"按钮 ↑、子工作表标签(如"Sheet1"工作表标签)，选择单元格区域(如 P5:P68)，再单击"展开对话框"按钮 ↓，然后单击"添加"按钮。

对每个区域重复这一步骤。

❼ 确定希望如何更新合并计算。

若要设置合并计算，以便它在源数据改变时自动更新，则选中"创建指向源数据的链接"复选框。

若要设置合并计算，以便可以通过更改合并计算中包括的单元格和区域来手动更新合并计算，则清除"创建指向源数据的链接"复选框。

❽ 如有必要，则应清除"标签位置"下的复选框。

❾ 单击"确定"按钮，Excel 将源区域中的数据合并计算到主工作表中。

❿ 单击图 4.64 所示的 D3 单元格。在"数据"选项卡的"数据工具"组中，单击"合并计算"按钮，打开"合并计算"对话框，在"函数"下拉列表框中选择"平均值"，单击"确定"按钮。同样地，选中 E3 单元格，在"函数"下拉列表框中选择"最大值"合并计算"最高分"；选中 F3 单元格，在"函数"下拉列表框中选择"最小值"合并计算"最低分"。

实验八　数据验证设置

【实验目的】
(1) 掌握数据验证的设置技巧。
(2) 掌握输入限制值、指定的整数、指定的日期和时间的操作方法。
(3) 掌握创建下拉列表的操作方法。

任务 1　将输入数据限制为下拉列表中的值

JM 大学人事处信息管理员李老师要录入全校教职工信息，他希望用鼠标单击"民族"栏中某单元格时显示如图 4.66(a)所示的提示信息，单击该单元格旁边的下拉箭头时显示如图 4.66(b)所示的下拉列表，数据输入者只能在列表中选择数据，否则认为无效，拒绝输入。

❶ 选择一个单元格(如 D2)或单元格区域(如 D 列)。

❷ 在"数据"选项卡的"数据工具"组中，单击"数据验证"按钮，选择"数据验证"命令，打开"数据验证"对话框，如图 4.67 所示。

(a)"民族"栏　　　　　　　　(b)"民族"栏下拉列表

图 4.66　将数据输入限制为下拉列表中的值示例

图 4.67　"数据验证"对话框"设置"选项卡

❸ 单击"设置"选项卡,在"允许"下拉列表框中有下列选项。

◆ 任何值:这是默认选项,对输入数据不作任何限制,表示不使用数据有效性。

◆ 整数:指定输入的数值必须为整数。

◆ 小数:指定输入的数值必须为数字或小数。

◆ 序列:为有效性数据指定一个序列。

◆ 日期:指定输入的数值必须为日期。

◆ 时间:指定输入的数值必须为时间。

◆ 文本长度:指定有效数据的字符数。

◆ 自定义:允许我们定义公式、使用表达式或引用其他单元的各种计算值来判定输入数据的正确性。

在本任务中,选择"序列"。

❹ 单击"来源"框,然后键入用逗号(Microsoft Windows 列表分隔符)分隔的列表值"汉族,满族,蒙古族,回族,藏族,维吾尔族,苗族,彝族,壮族,布依族,侗族,瑶族,白族,土家族,哈尼族,哈萨克族,傣族,黎族,傈僳族,佤族,畲族,高山族,拉祜族,水族,东乡族,纳西族,景颇族,柯尔克孜族,土族,达

斡尔族,仫佬族,羌族,布朗族,撒拉族,毛南族,仡佬族,锡伯族,阿昌族,普米族,朝鲜族,塔吉克族,怒族,乌孜别克族,俄罗斯族,鄂温克族,德昂族,保安族,裕固族,京族,塔塔尔族,独龙族,鄂伦春族,赫哲族,门巴族,珞巴族,基诺族"。

如果更改了单元格的验证设置,则可以将这些更改自动应用于具有相同设置的所有其他单元格。在"数据验证"对话框的"设置"选项卡下,选中"对有同样设置的所有其他单元格应用这些更改"复选框。

❺ 为了显示单元格旁边的下拉箭头,应选中"提供下拉箭头"复选框。

如果允许值基于具有已定义名称的单元格区域,并且该区域中的任意位置存在空单元格,则选中"忽略空值"复选框。

❻ 设置单击该单元格时,要显示的输入提示信息,如图 4.68 所示。

◆ 在"数据验证"对话框中单击"输入信息"选项卡。

◆ 选中"选定单元格时显示输入信息"复选框。

◆ 在"标题"框中输入标题,如"请选择...";在"输入信息"框中输入文本,如"请单击单元格右侧的箭头,在下拉列表中选择!"。

图 4.68　"数据验证"对话框"输入信息"选项卡

❼ 指定输入无效数据时希望 Excel 如何响应,如图 4.69 所示。

◆ 单击"出错警告"选项卡,选中"输入无效数据时显示出错警告"复选框。

◆ 在"样式"框中选择"停止"、"警告"或"信息"(本任务选择"停止")。

◆ 在"标题"框输入标题,如"数据无效!";在"错误信息"框输入文本,如"请不要输入或粘贴,在下拉列表中选择合适的值!"(最多 225 个字符)。

如果没有输入标题或文本,则标题使用默认字符串"Microsoft Excel",并显示"输入值非法。其他我们已经限定了可以输入该单元格的数值。"

❽ 测试数据有效性以确保其正常工作。

图 4.69 "数据验证"对话框"出错警告"选项卡

在单元格中输入有效和无效数据，用以检验设置按预期方式工作并且显示所预期的消息。

任务 2 将输入数据限制为指定整数

JM 大学人事处信息管理员李老师在录入全校教职工信息时，他希望用鼠标单击"岗位工资"栏中某单元格时显示提示信息"请输入 850~4080 之间的整数"，数据输入者只能在列表选择，否则认为无效，拒绝输入。

❶ 选择一个单元格或单元格区域。

❷ 在"数据验证"对话框的"设置"选项卡中如"允许"框中选择"整数"。

❸ 在"数据"框中选择所需的限制类型"介于"，在"最小值"框中输入"850"、在"最大值"框中输入"4080"。

❹ 按照任务 1 中步骤❻的方法设置在单击该单元格时显示输入信息"请输入 850~4080 之间的整数"。

❺ 按照任务 1 中步骤❼的方法设置对无效数据的响应。

❻ 测试数据有效性。尝试在单元格中输入有效和无效数据，以确保设置按预期方式工作并且显示所预期的消息。

任务 3 将输入数据限制为某时段内的日期

JM 大学人事处信息管理员李老师在录入新入职的教职工信息时，只有 1987 年 1 月 1 日以后出生的教职工信息才可以录入。

❶ 选择一个单元格或单元格区域。

❷ 在"数据验证"对话框的"设置"选项卡下的"允许"框中选择"日期"。

❸ 在"数据"框中选择所需的限制类型"大于或等于"，在"开始日期"框中输入"1987-1-1"。

❹ 按照任务 1 中步骤❻的方法设置在单击该单元格时显示输入信息，按照任务 1 中步骤❼

的方法设置对无效数据的响应。

❺ 尝试在单元格中输入有效和无效数据，以验证设置能否按预期方式工作并且显示所预期的消息。

任务 4　通过单元格区域创建多级下拉列表

JM 大学人事处信息管理员李老师在录入全校教职工信息时，发现教职工来自五湖四海。他希望先在"教职工信息"工作表的"省(市、区)"栏下选择一个省、直辖市、自治区或特别行政区(如"湖北省")后，在"市(州)"栏下只显示"湖北省"下辖的市(州)(如"荆门市")，而在"县(市、区)"栏下只显示荆门市下辖的县(市、区)。这样，就可以使数据输入更标准、更容易。

❶ 在"人事信息.xlsx"工作簿中添加 2 张空白工作表，并将表标签分别改为"省(市、区)"、"市(州)"，在"省(市、区)"工作表和"市(州)"工作表中输入如图 4.70 所示的条目。

(a) "省(市、区)"工作表示例　　　　(b) "市(州)"工作表示例

图 4.70　"省(市、区)"工作表中的示例数据

❷ 在"省(市、区)"工作表中选中 A 列，将"名称框"中原名称更改为"北京市"，按 Enter 键；分别选中 B 列、C 列，将"名称框"中原名称分别更改为"湖北省"、"湖南省"，按 Enter 键；分别选中其他列，将"名称框"中原名称分别更改为其他省、直辖市、自治区或特别行政区的名称。

在"市(州)"工作表中，分别选中 A 列、B 列、C 列、D 列及其他列，将"名称框"中原名称分别更改为武汉市、黄石市、十堰市、荆门市及其他市(州)的名称。

❸ 单击"人事数据.xlsx"工作簿中的"教工信息"工作表，选中 E2 单元格或 E 列单元格区域。

❹ 在"数据"选项卡的"数据工具"组中单击"数据验证"按钮，选择"数据验证"命令，打开"数据验证"对话框。

❺ 单击"设置"选项卡,在"允许"下拉列表中选择"序列"。

❻ 单击"来源"框,然后输入列表值"北京市,上海市,天津市,重庆市,黑龙江省,辽宁省,吉林省,河北省,河南省,湖北省,湖南省,山东省,山西省,陕西省,安徽省,浙江省,江苏省,福建省,广东省,海南省,四川省,云南省,贵州省,青海省,甘肃省,江西省,台湾省;内蒙古自治区,宁夏回族自治区,新疆维吾尔自治区,西藏自治区,广西壮族自治区,新疆生产建设兵团,香港特别行政区,澳门特别行政区"。

❼ 单击"输入信息"选项卡,在"标题"框输入"请选择…",在"输入信息"框输入"请单击右侧下拉箭头,在下拉列表中选择一个省、直辖市、自治区、特别行政区或新疆生产建设兵团,再在市(州)栏选择一个该省级单位所辖的市(州)。"

❽ 单击"出错警告"选项卡,在"样式"下拉列表中选择"停止",在"标题"框输入"数据无效!",在"错误信息"框输入"您输入的数据无效!请单击取消,然后在下拉列表中选择。"。

❾ 在"教工信息"工作表选中 F2 单元格或 F 列单元格区域("市(州)"列)。重复步骤❹、步骤❺,在"来源"框输入"=INDIRECT(E2)"(间接的从 E2 单元格获取数据)。

在"教工信息"工作表选中 G2 单元格或 G 列单元格区域("县(市、区)"列)。重复步骤❹、步骤❺,在"来源"框输入"=INDIRECT(F2)"(间接的从 F2 单元格获取数据)。

❿ 按照步骤❼、步骤❽的方法设置输入信息和对无效数据的响应。

特别说明:

◆ 只有在 E2 单元格中做了选择, F2 单元格中才有与之相对应的可选项;只有在 F2 单元格中做了选择, G2 单元格中才有与之相对应的可选项,如图 4.68 所示。

◆ 因为 F2 单元格的数据验证列表在"省(市、区)"工作表中,G2 单元格的数据验证列表在"市(州)"工作表中,必须要防止使用该工作簿的人看到它或更改它,所以应隐藏并保护这两个工作表。

本任务完成后,如图 4.71 所示,若在 E2 单元格选中"湖北省",则在 F2 单元格中只显示湖北省所辖市(州);若在 F2 单元格选中"荆门市",则在 F2 单元格中只显示荆门市所辖县(市、区)。

实验九　图表制作

【实验目的】

(1) 掌握制作图表的操作技巧。

(2) 掌握插入图表、移动图表、设置图表样式的操作方法。

(3) 掌握插入迷你图、更改迷你图类型、更改迷你图样式、更改迷你图数据源的操作方法。

任务 1　分析家用电器销售分布情况

分析一商场的家用电器销售分布情况。

❶ 选定需要创建图表的数据源,如图 4.72 所示。

(a) 一级菜单示例

(b) 二级关联菜单示例

(c) 三级关联菜单示例

图 4.71 下拉列表的关联选择示例

产品名称	销售员1	销售员2	销售员3	销售员4	销售员5	合计
家用电器销售东方商场统计表						
电视机	5	4	5	6	5	25
电冰箱	8	6	7	7	4	32
洗衣机	6	3	6	6	5	24
热水器	2	6	8	6	7	29
电磁炉	6	6	8	5	9	34
饮水机	7	5	6	4	5	27

图 4.72 选定数据源——A1:A8、G1:G8 单元格区域

❷ 在"插入"选项卡的"图表"组中，单击"插入饼图或圆环图"按钮，在下拉列表中选择"三维饼图"样式，如图 4.73 所示。

❸ 在生成的饼图上单击鼠标右键，在弹出的快捷菜单中选择"添加数据标签"命令，如图 4.74 所示。

❹ 选中饼图，在"图表工具"选项卡"设计"子选项卡的"位置"组中单击"移动图表"按钮，打开"移动图表"对话框，如图 4.75 所示。

❺ 在"移动图表"对话框的"对象位于"列表框中，选择图表放置位置，如"Sheet2"，单击"确定"按钮。这时，图表移到了 Sheet2 工作表。

图 4.73   选择"三维饼图"

图 4.74   在快捷菜单中选择"添加数据标签"命令

图 4.75   "移动图表"对话框

❻ 选中饼图，在"图表工具"选项卡"格式"子选项卡的"形状样式"组中单击"其他"按钮，在列表中选择所需要的样式。

任务 2　用迷你图分析业绩走势

分析一卖场销售业绩走势。

❶ 选择拟存放图表的单元格，如图 4.76 所示的 F3 单元格。

图 4.76　用于业绩分析的示例数据表

❷ 在"插入"选项卡的"迷你图"组中，单击"折线"按钮⬚，打开"创建迷你图"对话框，如图 4.77 所示。

图 4.77　"创建迷你图"对话框

❸ 在"创建迷你图"对话框的"数据范围"框中选中所需的数据区域(如，B3:E3 单元格区域)，单击"确定"按钮。

❹ 选择迷你图单元格，用鼠标向下拖曳填充柄，如图 4.78 所示。

❺ 选中迷你图所在的单元格区域。在"迷你图工具"选项卡的"设计"子选项卡的"显示"组中，选中"高点"和"低点"复选框，这时在折线图上添加"高点"和"低点"标记，如图 4.79 所示。

	A	B	C	D	E	F
1	野狼钢材市场销售表					
2	标准号	第 1 季度	第 2 季度	第 3 季度	第 4 季度	走势
3	G3452	510	270	360	350	
4	D3457	260	360	290	330	
5	G3454	350	350	330	350	
6	G3456	340	300	340	370	
7	G3455	250	460	420	490	

图 4.78　用填充柄复制迷你图

图 4.79　每个折线图都有"高点"和"低点"

❻ 选中迷你图所在的单元格区域。在"迷你图工具"选项卡"设计"子选项卡的"类型"组中单击"柱形"按钮。

❼ 在"迷你图工具"选项卡"设计"子选项卡的"样式"组中单击"其他"按钮,选择所需要的样式,这时迷你图变成柱形图,如图 4.80 所示。

	A	B	C	D	E	F
1	野狼钢材市场销售表					
2	标准号	第 1 季度	第 2 季度	第 3 季度	第 4 季度	走势
3	G3452	510	270	360	350	
4	D3457	260	360	290	330	
5	G3454	350	350	330	350	
6	G3456	340	300	340	370	
7	G3455	250	460	420	490	

图 4.80　柱形迷你图

❽ 选择要更改数据源的迷你图单元格(如 F3 单元格),在"迷你图工具"选项卡"设计"子选项卡的"迷你图"组中单击"编辑数据"下拉按钮,在下拉菜单中选中"编辑单个迷你图

的数据"命令,打开"编辑迷你图数据"对话框,如图 4.81 所示。

图 4.81 "编辑迷你图数据"对话框

❾ 在"编辑迷你图数据"对话框的"选择迷你图的源数据区域"框中,选择单元格区域,单击"确定"按钮。完成后,迷你图效果如图 4.82 所示。

图 4.82 更改 F3 单元格数据源后的效果

4.2 案例分析

例 4.1 在 Excel 的单元格中,当输入的数字过长时,按回车键确认后单元格内将显示数字的前几项,为了使其显示数字的后几项,用户可以_____。

A) 按 Tab 键　　　　　　　　　　B) 按回车键
C) 拖动鼠标调整单元格的宽度　　D) 拖动鼠标调整单元格的高度

答:C。

知识点:单元格数据显示;单元格行高、列宽的设置。

分析:本题要求调整的是列宽,因此,在 Excel 的单元格中,当输入的数字过长时,按回车键确认后单元格内将显示数字的前几项,为了显示数字的后几项,用户可以拖动鼠标调整单元格的宽度。

例 4.2 若要填写一系列数字，比如 2、4、6、8，则键入第一个数字，将光标移动到单元格右下角，然后从上向下拖动(或拖过)，能否实现？

答：不能。

知识点：填充柄；数据序列。

分析：对于数字，必须为 Excel 提供所需操作的更多提示。在一个单元格中键入第一个数字，在相邻单元格中键入下一个数字，然后按 Enter 或 Tab 键。同时选中这两个单元格。将光标放在单元格的右下角，直到它变为黑色加号，然后拖动才能实现。

例 4.3 在 Excel 中，工作表的相对引用 D2=B2*C2 的公式复制到 D3 单元格中，公式会变成_____。

A) =B2*C2   B) =B3*C3   C) B4*C4   D) B5*C

答：B。

知识点：公式；单元格地址与引用。

分析：单元格引用有相对引用、绝对引用、混合引用 3 种类型。相对引用仅包含单元格的列与行号，如 A1、B4。相对引用是 Excel 默认的单元格引用方式。在复制或移动公式时，系统根据移动的位置自动调整公式中的相对引用。例如，若 D2 单元格中的公式是"B2+C2"，将 D2 的公式复制到 D3 单元格，则 C3 单元格的公式就自动调整为"B3+C3"。

绝对引用是在列号与行号前均加上"$"符号，如$A$1、$B$4。在复制或移动公式时，系统不会改变公式中的绝对引用。例如，若 C2 单元格中的公式是"$A$2+$B$2"，将 C2 的公式复制到 C3 单元格，则 C3 单元格的公式仍然为"$A$2+$B$2"。

混合引用是在列号和行号之一前加上"$"符号，如$A1,B$4。在复制或移动公式时，系统改变公式中的相对部分(不带"$"者)，不改变公式中的绝对部分(带"$"者)。例如，若 C2 单元格中的公式是"$A2+B$2"，要将 C2 的公式复制到 C3 单元格，则 C3 单元格的公式变为"$A3+C$2"。

例 4.4 在工作表单元格输入合法的日期，下列日期中不正确的输入是_____。

A) 7/3/22   B) 2022-6-8   C) 6-8-2022   D) 2022/6/6

答：C。

知识点：日期类型数据。

分析：输入日期格式有以下 6 种："月/日"、"月-日"、"×月×日"、"年/月/日"、"年-月-日"、"×年×月×日"。

按前 3 种格式输入，默认的年份是系统时钟的当前年份，显示形式是"×月×日"。按后 3 种格式输入，年份可以是 2 位(00~99)，也可以是 4 位(1900~9999)，显示格式是"年-月-日"，显示年份是 4 位。按 Ctrl+；组合键，就输入系统时钟的当前日期。

例 4.5 可使用_____选项卡来进行数学运算。

A)"公式"选项卡   B)"开始"选项卡

C) 任意选项卡   D)"数据"选项卡

答：C。

知识点：功能区；数学运算。

分析：如果认真研究 Excel 功能区，就会发现在任何选项卡中工作时都可进行数学运算。

例 4.6　在工作表某单元格输入公式=A3*100-B4，则该单元格的值_____。

A) 为单元格 A3 的值乘以 100，再减去单元格 B4 的值，在得到计算结果后，该单元格的值不再变化

B) 为单元格 A3 的值乘以 100，再减去单元格 B4 的值，该单元格的值会随着单元格 A3 或 B4 的值的变化而变化

C) 为 A3 的值乘以 100，再减去 B4 的值，其中 A3 与 B4 分别代表某个变量的值

D) 为空，因为该公式非法

答：B。

知识点：函数；公式，单元格地址引用。

分析：Excel 中的公式可以是一个或多个运算，也可以是一个 Excel 内部函数。输入完公式后，系统自动在单元格内显示计算结果。如果公式中有单元格引用，则当相应单元格中的数据变化时，公式的计算结果也随之变化。

例 4.7 Excel 中可以创建两种图表：嵌入式图表和图形图表。下面关于这两种图表的描述，正确的是_____。

A) 嵌入式图表建立在工作表之外，与数据分开显示

B) 图形图表置于工作表之内，便于同时观看图表及其相关工作表

C) 嵌入式图表置于工作表之内，便于同时观看图表及其相关工作表

D) 嵌入式图表和图形图表都是以图表的方式表示数据，两者没什么区别

答：B。

知识点：数据透视表、数据透视图。

分析：将工作表中的数据制作成图表的方法有 2 种：① 在工作簿中建立一个单独的图表工作表，它适用于显示或打印图表，而不涉及相应工作表数据情况；② 在原数据工作表中嵌入图表，可以同时观看图表及其相关工作表。

例 4.8 在 Excel 中按下列要求建立数据表格和图表，具体要求如下。

(1) 将下列某种药品成分构成情况的数据建成一个数据表(存放在 A1:C5 区域内)，并计算出各类成分所占比例(保留小数点后面 3 位)，其计算公式是：

$$比例 = 含量(mg)/ 含量的总和(mg)$$

其数据表保存在 sheet1 工作表中，如表 4.1 所示。

表 4.1　某种药品成分构成数据表

成分	含量(mg)	比例
碳	0.02	
氢	0.25	
镁	1.28	
氧	3.45	

(2) 对建立的数据表建立分离型三维饼图，图表标题为"药品成分构成图表"，并将其嵌入到工作表的 A7:E17 区域中。

(3) 将工作表 Sheet1 更名为"药品成分数据表"。

答：本例所涉及的知识点有：公式、自动填充公式、图表等。分析与操作步骤如下。

❶ 打开 Excel，在工作表 Sheet1 的 A1:C5 中输入指定的数据。双击工作表标签，当标签呈黑色时，输入新的工作表名"药品成分数据表"。

❷ 在 B6 中输入公式"=B2+B3+B4+B5"或"=sum(B2:B5)"，或用自动求和按钮，或用函数计算出含量的总和，如图 4.83 所示。

图 4.83　在 B6 单元格中输入求和公式

❸ 在 C2 中输入公式"=B2/$B$6"，并确认，求出碳的比例，如图 4.84 所示；拖放 C2 的填充柄至 C6，求出各种成分的比例，如图 4.85 所示。

图 4.84　在 C2 中输入公式"=B2/$B$6"

图 4.85　使用填充柄

❹ 在"插入"选项卡的"图表"组中，单击"插入饼图或圆环图"按钮 ●▼ ，在饼图图表类型列表中选择"三维饼图"，如图 4.86 所示；依次单击"图表工具"选项卡、"设计"子选项卡、"数据"组、"选择数据"按钮，打开"选择数据源"对话框，选择数据区域 A1:C5，如图 4.87 所示。单击"确定"按钮，在当前工作表中插入饼图。

❺ 选中图表标题，将其更改为"药品成份构成图表"，如图 4.88 所示。

如果图表中没有显示标题，则在"图表工具"选项卡"设计"子选项卡的"图表布局"组中单击"添加图表元素"按钮，将光标指向下拉菜单中的"图表标题"，在子菜单中选择"图表上方"命令。

❻ 拖动图表到指定的位置，并改变相应的大小，放在 A7:E17 区域。

例 4.9　为避免表格中的公式计算错误，应先检查或对公式进行审核等。以如图 4.89 所示的销售报表为例说明操作步骤。

图 4.86 饼图

图 4.87 "选择数据源"对话框

图 4.88 完成后的饼图

▲	A	B	C	D	E	F	G	H
1	销售报表							
2	日期	姓名	市场价格（元）	销售台数	应得提成		市场价格（元）	提成比率
3	2022/1/3	陈贺圆	5500	5			<10000	0.001
4	2022/1/4	李虹娟	5400	3			15000-20000	0.003
5	2022/1/7	赵光洁	6800	6			>25000	0.005
6	2022/1/10	伍爱明	7200	4				
7	2022/1/11	祁大坤	3500	8				
8	2022/1/15	居学科	4800	6				
9	2022/1/16	吴友民	5300	1				
10	2022/1/17	周治文	2800	7				
11	2022/1/18	陈洁民	5260	8				
12	2022/1/19	李世民	3760	5				

图 4.89 销售报表示例

答：本例所涉及的知识点有：IF 函数；追踪引用和从属单元格；监控窗口。分析与操作步骤如下。

❶ 选择存放计算结果的单元格 E3，在编辑栏中输入"=IF(PRODUCT(C3:D3)>25000, (C3*D3)*0.5%,IF(PRODUCT(C3:D3)>15000,(C3*D3)*0.3%,(C3*D3)*0.1%))"公式，如图 4.90 所示。

图 4.90 在 E3 单元格输入公式

❷ 按 Enter 键确认，或单击编辑栏左侧的"输入"按钮确认。拖动填充柄填充 E 列其他单元格。

❸ 选择 E3 单元格，在"公式"选项卡的"公式审核"组中单击"追踪引用单元格"按钮。这时，可看到 E3 单元格中的公式引用了 C3 和 D3 单元格，如图 4.91 所示。

图 4.91 "公式审核"组"追踪引用单元格"

❹ 选择 C6 单元格，在"公式审核"组中单击"追踪从属单元格"按钮，如图 4.92 所示。

❺ 选择 E4 单元格，在"公式审核"组中单击"错误检查"按钮上的箭头，选择"错误检查"命令。

如果单元格中的公式没有错误，则显示"Microsoft Excel"对话框，说明已经完成了对整个工作表的错误检查。单击"确定"按钮。

图 4.92 "公式审核"组"追踪从属单元格"

如果单元格中的公式存在错误，则打开图 4.93 所示"错误检查"对话框。

图 4.93 "错误检查"对话框

❻ 单击"从上部复制公式"按钮，系统从 E3 单元格中复制公式到 E4 单元格，并显示"Microsoft Excel"对话框，单击"确定"按钮，完成对公式的修改。

❼ 在"公式"选项卡的"公式审核"组中单击"监视窗口"按钮，打开"监视窗口"窗格，单击"添加监视"命令，如图 4.94 所示。

图 4.94 "监视窗口"对话框

❽ 打开图 4.95 所示的"添加监视点"对话框，输入监视区域(或在工作表中通过拖动鼠标

选择)，单击"添加"按钮。

图 4.95   "添加监视点"对话框

❾ 返回"监视窗口"窗格，监视窗口在工作簿中始终处于可见状态，在监视区域显示出工作表中输入的公式。

例 4.10   按下列要求完成对图 4.96 所示工作表的操作。

	A	B	C	D	E	F	G	H	I	J
1	成绩汇总表									
2	班级	学号	姓名	性别	高等数学	英语	计算机基础	总分	平均分	排名
3	应用1班	202003001	田小娟	女	68	86	87			
4			胡容华	男	82	82	82			
5			李楠	男	90	46	80			
6			王伟	男	53	75	75			
7			高阳	男	80	90	75			
8			李明	女	76	80	75			
9			刘芳芳	女	65	62	69			
10			李云	女	43	81	69			
11			刘思超	男	85	72	65			
12			张小明	男	81	37	60			
13			刘元	男	76	90	51			
14			李莉	女	57	51	46			
15			余敏	女	45	31	79			
16			王丽娜	女	58	75	74			
17			韩梅梅	女	98	58	83			
18			陈刚	男	38	71	79			
19			吴华	男	76	90	42			
20			张家明	男	76	78	80			
21			李艳	女	83	65	90			
22	应用1班	202003020	刘长生	男	89	80	58			

图 4.96   示例工作表

(1) 在 Sheet1 中，利用填充柄分别将"班级"列和"学号"列数据补齐，使班级均为"应用 1 班"，学号自动递增；然后将 A1:J1 合并成一个单元格，设置标题"成绩汇总表"，为黑体、14 磅、居中排列；将 Sheet1 工作表更名为"成绩表"。

(2) 对 E、F、G 三列(三门课的成绩)的数据设置条件格式，将不及格的分数以红色字体显示。

(3) 通过公式或函数，计算每位同学的总分和平均分；利用 rank 函数，根据总分的高低计算排名。(提示：注意区分相对引用、绝对引用和混合引用)

(4) 利用高级筛选，筛选出性别为男并且总分在 220 分以上的学生信息。

(5) 利用分类汇总功能，按性别统计汇总三门课的各自平均成绩，汇总结果显示在数据下方。

答：本例所涉及的知识点：填充柄的使用、工作表命名、单元格合并、公式与函数、单元格引用、数据筛选、分类汇总。分析与操作步骤如下。

❶ 观察"班级"列，单元格 A3、A22 中的数据均为"应用 1 班"，这说明要求用填充柄填充的数据相同。因为"应用 1 班"中间有数字"1"，所以选中单元格 A3，向下拖动填充柄，所填充的数据会递增，即"应用 1 班、应用 2 班、应用 3 班……"。为了在"班级"列各单元格中都填入"应用 1 班"，先选中单元格 A3，按 Ctrl+C 组合键，再选中单元格 A4，按 Ctrl+V 组合键，最后选中单元格区域 A3:A4，向下拖动填充柄至单元格 A21。

观察"学号"列，单元格 B22 中的数据由单元格 B2 中的数据递增而来。所以，先在单元格 B3 中填入数据"202003002"，再选中单元格区域 B2:B3，向下拖动填充柄至单元格 B21。

❷ 选中单元格区域 A1:J1，在"开始"选项卡的"对齐方式"组中，单击"合并后居中"按钮。在"开始"选项卡的"字体"组中，单击"字体"框右侧下拉箭头，在列表中选择"黑体"；单击"字号"框右侧下拉箭头，在列表中选择"14"。

❸ 用鼠标双击工作表标签"Sheet1"，输入"成绩表"。

❹ 选中单元格区域 E3:G22，在"开始"选项卡的"样式"组中，单击"条件格式"按钮，在下拉菜单中选择以"新建规则"命令，打开"新建格式规则"对话框，如图 4.97 所示。在"选择规则类型"列表中选择"只为包含以下内容的单元格设置格式"，在"编辑规则说明"栏中选择"单元格值"、"小于"，在文本框中填入"60"，单击"格式"按钮，打开"设置单元格格式"对话框的"字体"选项卡，在"颜色"列表中选择"红色"，单击"确定"按钮，返回到"新建格式规则"对话框，单击"确定"按钮。所选单元格区域内所有小于 60 的数值均用红色字体显示。

图 4.97　"新建格式规则"对话框

❺ 选中单元格 H3，输入" =SUM(E3:G3)"，按 Enter 键。选中单元格 I3，输入"=AVERAGE(E3:G3)"，按 Enter 键。选中单元格区域 H3:I3，向下拖动填充柄完成全部数据计算。选中单元格 J3，输入"=RANK(H3, $H$3:$H$22)"，按 Enter 键。再选中单元格 J3，向下拖动填充柄至单元格 J22。

完成步骤❸～步骤❺后的工作表如图 4.98 所示。

班级	学号	姓名	性别	高等数学	英语	计算机基础	总分	平均分	排名
				成绩汇总表					
应用1班	202003001	田小娟	女	68	86	87	241	80.33333333	3
应用1班	202003002	胡容华	男	82	82	82	246	82	1
应用1班	202003003	李楠	男	90	46	80	216	72	11
应用1班	202003004	王伟	男	53	75	75	203	67.66666667	14
应用1班	202003005	高阳	男	80	90	75	245	81.66666667	2
应用1班	202003006	李明	女	76	80	75	231	77	7
应用1班	202003007	刘芳芳	女	65	62	69	196	65.33333333	15
应用1班	202003008	李云	女	43	81	69	193	64.33333333	16
应用1班	202003009	刘思超	男	85	72	65	222	74	9
应用1班	202003010	张小明	男	81	37	60	178	59.33333333	18
应用1班	202003011	刘元	男	76	90	51	217	72.33333333	10
应用1班	202003012	李莉	女	57	51	46	154	51.33333333	20
应用1班	202003013	余敏	女	45	31	79	155	51.66666667	19
应用1班	202003014	王丽娜	女	58	75	74	207	69	13
应用1班	202003015	韩梅梅	女	98	58	83	239	79.66666667	4
应用1班	202003016	陈刚	男	38	71	79	188	62.66666667	17
应用1班	202003017	吴华	男	76	90	42	208	69.33333333	12
应用1班	202003018	张家明	男	76	78	80	234	78	6
应用1班	202003019	李艳	女	83	65	90	238	79.33333333	5
应用1班	202003020	刘长生	男	89	80	58	227	75.66666667	8

成绩表 ⊕

图 4.98　完成步骤❶~步骤❺后的工作表

❻ 选中数据区域中的任意单元格，在"数据"选项卡的"排序和筛选"组中单击"筛选"按钮，单击"性别"右侧的下拉箭头，显示"性别"筛选菜单，如图 4.99(a)所示。清除"女"复选框，单击"确定"按钮；单击"总分"右侧的下拉箭头，显示"总分"筛选菜单，如图 4.99(b)所示；清除小于等于 220 的复选框，单击"确定"按钮。完成后的工作表如图 4.100 所示。

(a)"性别"筛选菜单

(b)"总分"筛选菜单

图 4.99　筛选菜单

班级	学号	姓名	性别	高等数…	英语	计算机基…	总分	平均分	排名
				成绩汇总表					
应用1班	202003002	胡容华	男	82	82	82	246	82	1
应用1班	202003005	高阳	男	80	90	75	245	81.66666667	2
应用1班	202003009	刘思超	男	85	72	65	222	74	9
应用1班	202003018	张家明	男	76	78	80	234	78	6
应用1班	202003020	刘长生	男	89	80	58	227	75.66666667	8

成绩表 ⊕

图 4.100　完成高级筛选后的工作表

❼ 在"数据"选项卡的"排序和筛选"组中，再次单击"筛选"按钮以清除筛选。选中"性别"列任意单元格，在"数据"选项卡的"排序和筛选"组中单击"升序"按钮，系统按"性别"升序进行排序。在"数据"选项卡的"分组显示"组中单击"分类汇总"按钮，打开"分类汇总"对话框，如图 4.101 所示。在"分类字段"列表中选择"性别"，在"选定汇总项"列表中选中"高等数学""英语""计算机基础"，单击"确定"按钮。完成分类汇总后的工作表如图 4.102 所示。

图 4.101 "分类汇总"对话框

图 4.102 完成分类汇总后的工作表

4.3 强化训练

一、选择题

1.Excel 工作簿的后缀为_____。

A) .exl   B) .xcl   C) .xlsx   D) .xel

2. 在 Excel 环境中用来存储和处理工作数据的文件称为_____。

A) 工作簿   B) 工作表   C) 图表   D) 数据库

3. 在 Excel 中，一个工作表最多可含有的行数是_____。

A) 255   B) 256   C) 1048576   D) 任意多

4. Excel 提供了公式以及大量的函数用于实现对数据的各种计算，以下不能构成复杂公式的运算符是_____。

A) 函数运算符   B) 比较运算符   C) 引用运算符   D) 连接运算符

5. 在 Excel 工作表中，日期型数据"2021 年 11 月 21 日"的正确输入形式是_____。

A) 2021-11-21   B) 2021.11.21   C) 2021,11,21   D) 2021:11:21

6. 在 Excel 工作表中，单元格区域 D2:E4 所包含的单元格个数是_____。

A) 5   B) 6   C) 7   D) 8

7. 在 Excel 工作表中，选定某单元格，单击"开始"选项卡的"单元格"组中的"删除"按钮，不可能完成的操作是_____。

A) 删除该行   B) 右侧单元格左移

C) 删除该列   D) 左侧单元格右移

8. 若要在 Excel 中进行数学运算，应首先键入_____。

A) 括号   B) 数字   C) 一个等号   D) 一个百分号

9. 在 Excel 工作表的某单元格内输入数字字符串"456"，正确的输入方式是_____。

A) 456   B) '456   C) =456   D) "456"

10. 在 Excel 工作表中，在 C2 中有数值 12，在 C3 单元格的编辑区输入公式"=C2+$C$2"，单击"确认"按钮，C3 单元格的内容为_____。

A) 22   B) 24   C) 26   D) 28

11. 在 Excel 中，关于工作表及为其建立的嵌入式图表的说法，正确的是_____。

A) 删除工作表中的数据，图表中的数据系列不会删除

B) 增加工作表中的数据，图表中的数据系列不会增加

C) 修改工作表中的数据，图表中的数据系列不会修改

D) 以上三项均不正确

12. Excel 中对单元格的引用有_____、绝对引用和混合引用。

A) 存储地址   B) 活动地址   C) 相对引用   D) 循环地址

13. 在 Excel 工作表中，单元格 C4 中有公式"=A3+$C$5"，在第 3 行之前插入一行之后，单元格 C5 中的公式为_____。

A) = A4+$C$6   B) = A4+$C$5   C) = A3+$C$6   D) = A3+$C$5

14. 在 Excel 中设 F1 单元格中的公式为=A3+B4，当 B 列被删除时，F1 单元格中的公式将调整为_____。

A) =A3+C4　　　　　B) =A3+B4　　　　　C) #REF!　　　　　D) =A3+A4

15. 在 Excel 工作表中，可按需拆分窗口，一张工作表最多拆分为_____。

A) 3 个窗口　　　　B) 4 个窗口　　　　C) 5 个窗口　　　　D) 6 个窗口

16. 在 Excel 工作表中，第 11 行第 14 列单元格地址可表示为_____。

A) M10　　　　　　B) N10　　　　　　C) M11　　　　　　D) N11

17. 在 Excel 工作表中，在某单元格的编辑区输入"(8)"，单元格内将显示_____。

A) -8　　　　　　　B) (8)　　　　　　　C) 8　　　　　　　D) +8

18. 在 Excel 中,在一个单元格里输入文本时,文本数据在单元格中的对齐方式是_____。

A) 左对齐　　　　 B) 右对齐　　　　 C) 居中对齐　　　　 D) 随机对齐

19. 在 Excel 中，将单元格变为活动单元格的操作是_____。

A) 用鼠标单击该单元格

B) 将光标指向该单元格

C) 在当前单元格内输入目标单元格地址

D) 没必要，因为每一个单元格都是活动的

20. 在 Excel 工作表中，如图 4.103 所示选定的单元格区域可表示为_____。

A) C1:C5　　　　　B) C5:B1　　　　　C) B1:C5　　　　　D) B2:B5

图 4.103　题 20 图

21. 若要删除一列或一行，则在要删除的列或行中单击，然后_____。

A) 单击"删除"按钮

B) 在"开始"选项卡的"单元格"组中单击"格式"按钮

C) 在"开始"选项卡的"单元格"组中单击"删除"按钮

D) A、B 都对

22. 若要打印电子表格，则应当_____。

A) 单击"文件"选项卡　　　　　　B) 在一个单元格中右键单击

C) 单击"开始"选项卡　　　　　　D) 单击"视图"选项卡

23. 在 Excel 工作薄中，对工作表不可以进行的打印设置是_____。

A) 打印区域　　　B) 打印标题　　　C) 打印讲义　　　D) 打印顺序

24. 在 Excel 中，若单元格中的字符串超过该单元格的宽度，下列叙述不正确的是_____。

A) 该字符串有可能占用其左侧单元格的空间，将全部内容显示出来

B) 该字符串可能占用其右侧单元格的空间，将全部内容显示出来

C) 该字符串可能只在其所在单元格内显示部分内容，其余部分被其右侧单元格中的内容覆盖

D) 该字符串可能只在其所在单元格内显示部分内容，多余部分被删除

25. 在 Excel 中，要改变工作表的标签，可以使用的方法是_____。

A) 单击任务栏上的按钮　　　　　　B) 单击鼠标左键

C) 双击鼠标左键　　　　　　　　　D) 双击鼠标右键

26. 在 A1 单元格中输入"3"，在 A2 单元格中输入"5"，则取值相同的一组公式是_____。

A) Average(A1:A2)，Average(3,′5′)　　B) Min(A1:A2)，Min(3，″5″)

C) Max(A1:A2)，Max(3,"5")　　　　　D) Count(A1:A2)，Count(3，″5″)

27. 新建的图表_____。

A) 只能插入新的工作表里　　　　　B) 只能嵌入数据表里

C) 只能保存为图像文件　　　　　　D) 可以插入新工作表或嵌入数据表里

28. 在 Excel 中，工作表的列坐标范围是_____。

A) A～IV　　　　B) A～XFD　　　　C) A～ZA　　　　D) A～UI

29. 在 Excel 中，填充柄位于_____。

A) 当前单元格的左下角　　　　　　B) 标准工具栏里

C) 当前单元格的右下角　　　　　　D) 当前单元格的右上角

30. 在 Excel 中，下面关于单元格的叙述正确的是_____。

A) A4 表示第 4 列第 1 行的单元格

B) 在编辑的过程中，单元格地址在不同的环境中会有所变化

C) 工作表中单元格是由单元格地址来表示的

D) 为了区分不同工作表中相同地址的单元格，可以在单元格前加上工作表的名称

31. 在 Excel 中，下列序列中不属于 Excel 预设的自动填充序列的是_____。

A) 星期一,星期二,星期三,…　　　　B) 一车间,二车间,三车间,…

C) 甲,乙,丙,…　　　　　　　　　　D) Mon,Tue,Wed,…

32. 在 Excel 中，公式"=$C1+E$1"是_____。

A) 相对引用　　B) 绝对引用　　C) 混合引用　　D) 任意引用

33. 在 Excel 中，使用坐标$D$1 引用工作表第 D 列第 1 行的单元格，这称为对单元格地址的_____。

A) 绝对引用　　B) 相对引用　　C) 混合引用　　D) 交叉引用

34. 在 Excel 中，若在 A2 单元格中输入"=8^2"，则显示结果为_____。

A) 16　　　　B) 64　　　　C) =8^2　　　　D) 8^2

35. 在 Excel 中，若在 A2 单元格中输入"=56>=57"，则显示结果为_____。

A) 56>57　　　B) =56<57　　　C) TRUE　　　D) FALSE

36. 在 Excel 中，公式"=AVERAGE(A1:A4)"等价于下列公式中的_____。

A) =AI+A2+A3+A4　　　　　　B) =A1+A2+A3+A4/4

C) =(A1+A2+A3+A4)/4　　　　　D) =(A1+A4)\4

37. 在 Excel 中，如果为单元格 A4 赋值 9，为单元格 A6 赋值 4，然后在单元格 A8 中输入公式 "=IF(A4>A6,"OK","GOOD")"，则 A8 的值应当是_____。

A) OK   B) GOOD   C) #REF   D) #NAME?

38. 在 Excel 中，将 B2 单元格中的公式 "=A1+A2-C1" 复制到 C3 单元格后，公式变为_____。

A) =A1+A2-C6   B) =B2+B3-D2   C) =D1+D2-F6   D) =D1+D2+D6

39. 在 Excel 中，要在工作簿中同时选择多个不相邻的工作表，则在依次单击各个工作表标签的同时应该按住_____键。

A) Ctrl   B) Shift   C) Alt   D) Delete

40. 以下不属于 Excel 中数字分类的是_____。

A) 常规   B) 货币   C) 文本   D) 条形码

41. Excel 中，打印工作簿时下列表述错误的是_____。

A) 一次可以打印整个工作簿

B) 一次可以打印一个工作簿中的一个或多个工作表

C) 在一个工作表中可以只打印某一页

D) 不能只打印一个工作表中的一个区域位置

42. 在 Excel 中要录入身份证号，数字分类应选择_____格式。

A) 常规   B) 数字(值)   C) 科学计数   D) 文本

43. 在 Excel 中要想设置行高、列宽，应选用_____选项卡中的"格式"命令。

A) 开始   B) 插入   C) 页面布局   D) 视图

44. 在 Excel 中，在_____选项卡可进行工作簿视图方式的切换。

A) 开始   B) 页面布局   C) 审阅   D) 视图

45. 在 Excel 中套用表格格式后，会出现_____选项卡。

A) 图片工具   B) 表格工具   C) 绘图工具   D) 其他工具

二、填空题

1.在 Excel 工作表中，当相邻单元格中要输入相同数据或按某种规律变化的数据时，可以使用_____功能实现快速输入。

2. 在 Excel 工作表的单元格 D6 中有公式 "=$B$2+C6"，将 D6 单元格的公式复制到 C7 单元格内，则 C7 单元格的公式为_____。

3. 在 Excel 工作簿中，sheet1 工作表第 6 行第 F 列单元格应表示为_____；表示 Sheet2 中的第 2 行第 5 列的绝对地址是_____。

4. 在 Excel 工作表的单元格 E5 中有公式 "=E3+$E$2"，删除第 D 列后，则 D5 单元格中的公式为_____。

5. 一个工作簿中默认包含_____个工作表，最多可增加到_____个，一个工作表中可以有_____个单元格。

6. Excel 的工作表由二行、二列组成，其中用_____表示行号，用_____表示列标。

7. 在一个单元格内输入公式时，应先键入_____符号。

8. 如果 A1:A5 包含数字 8、11、15、32 和 4，用公式=MAX(A1:A5)计算，结果为_____。

9. 在 Excel 中，设 A1～A4 单元格的数值为 82、71、53、60，A5 单元格中的公式为 "=IF(AVERAGE(A$1:A$4)>=60,"及格","不及格")"，则 A5 显示的值为_____。若将 A5 单元格的全部内容复制到 B5 单元格，则 B5 单元格的公式为_____。

10. 在当前工作表中，假设 B5 单元格中保存的是一个公式 SUM(B2:B4)，将其复制到 D5 单元格后，公式变为_____；将其复制到 C7 单元格后，公式变为_____；将其复制到 D6 单元格后，公式变为_____。

11. 在 Excel 中，如果要将工作表冻结便于查看，可以用"视图"选项卡的_____来实现。

12. 在 Excel 中新增"迷你图"功能，可选定数据在某单元格中插入迷你图，同时打开_____选项卡进行相应的设置。

13. 在 Excel 中，如果要对某个工作表重新命名，可以用"_____"选项卡的"格式"来实现。

14. 在 A1 单元格内输入"130001"，然后按下"Ctrl"键，拖动该单元格填充柄至 A8，则 A8 单元格中内容是_____。

15. Excel 中，对输入的文字进行编辑是选择_____选项卡。

三、操作题

1. 让新建的工作簿中包含更多工作表。

2. 更改工作表标签的颜色。

3. 把工作表隐藏起来。

4. 为工作簿设置使用权限。

5. 输入以"0"开头的数据。

6. 自主设定数值小数点位数。

7. 更加直观地输入较长的数值。

8. 同时在多个单元格中输入相同数据。

9. 删除不需要的自定义序列。

10. 让输入到单元格的数据自动换行。

11. 解决"#####"错误提示。

11. 设置数据垂直显示。

13. 在工作表中将行、列数据进行转置。

14. 为单元格添加批注。

15. 根据所选内容创建名称。

16. 在单元格 A2 到 A10 中输入数字 1~9，B1 到 J1 输入数字 1~9，用公式复制的方法在 B2:J10 区域设计出九九乘法表。

17. 使用"监视窗口"监视公式及其结果。

18. 输入单个单元格数组公式。

19. 使用 SUMIF 函数按给定条件对指定单元格求和。

20. 使用 SYD 函数计算资产和指定期间的折旧值。
21. 分页存放汇总数据。
22. 对单列数据进行分列。
23. 删除重复项。
24. 设置数据验证。
25. 把制作好的图表作为图片插入到工作表的其他位置。
26. 为图表添加背景。
27. 更改图表类型。
28. 为数据系列创建两根 Y 轴。
29. 让包含列数较多的表格打印在一张纸上。
30. 设置页眉页脚奇偶页不同。
31. 在跨页时每页都打印表格标题。
32. 编辑如下工作表。

序号	存入日	期限	年利率	金额	到期日	本息	银行
1	2013-1-1	5		1000			工商银行
2	2013-2-1	3		2500			中国银行
3		5		3000			建设银行
4		1		2200			农业银行
5		3		1600			农业银行
6		5		4200			农业银行
7		3		3600			中国银行
8		3		2800			中国银行
9		1		1800			建设银行
10		1		5000			工商银行
11		5		2400			工商银行
12		3		3800			建设银行

(1) 建立"银行存款.xlsx"工作簿，按如下要求操作。
① 把上面的表格内容输入到工作簿的 Sheet1 中。
② 填充"存入日"，按月填充，步长为 1，终止值为"13-12-1"。
③ 填充"到期日"。
④ 用公式计算"年利率"(年利率=期限×0.85)和"本息"(本息=金额×(1+期限×年利率/100))，进行填充。
⑤ 在 I1 和 J1 单元格内分别输入"季度总额"、"季度总额百分比"。
⑥ 分别计算出各季度存款总额和各季度存款总额占总存款的百分比。
(2) 格式设置。
① 在顶端插入标题行，输入文本"2013 年各银行存款记录"，华文行楷、字号 26、加"蓝

色 个性色 1，淡色 60%"底纹。将 A1—J1 合并并居中，垂直居中对齐。

② 各字段名格式：宋体、字号 12、加粗、水平、垂直居中对齐。

③ 数据(记录)格式：宋体、字号 12、水平、垂直居中对齐。第 J 列数据按百分比样式，保留 2 位小数。

④ 各列最合适的列宽。

(3) 将修改后的文件命名为"你的名字加上字符 A"保存。

33. 建立图表，并按下列要求操作。

表 4.2　学生成绩表

班级	学号	姓名	性别	数学成绩	英语成绩	总成绩	平均成绩
201301	2013000011	张　郝	男	60	62		
201302	2013000046	叶志远	男	70	75		
201301	2013000024	刘欣欣	男	85	90		
201302	2013000058	成　坚	男	89	94		
201303	2013000090	许坚强	男	90	95		
201302	2013000056	李　刚	男	86	65		
201301	2013000001	许文强	男	79	84		
201303	2013000087	王梦璐	女	65	70		
201302	2013000050	钱丹丹	女	73	80		
201302	2013000063	刘　灵	女	79	81		
201301	2013000013	康菲尔	女	86	82		
201301	2013000008	康明敏	女	92	96		
201301	2013000010	刘晓丽	女	99	93		

建立工作簿"学生成绩.xlsx"，在 Sheet1 中输入上面的表格内容，"总成绩"和"平均成绩"用公式计算获得；在第 3 行和第 4 行之间增加一条记录，其中姓名为你自己的名字，其他任意；将 Sheet1 中的内容分别复制到 Sheet2、Sheet3 和 Sheet4 中。

(1) 用 Sheet1 工作表中"平均成绩"80 分以上(包括 80 分)的记录建立图表。

(2) 分类轴为"姓名"，数据系列为"数学成绩"和"英语成绩"。

(3) 采用折线图的第 4 种。

(4) 图例位于右上角，名称为"数学成绩"和"英语成绩"，宋体、字号 16。

(5) 图表标题为"学生成绩"，宋体、字号 20、加粗。

(6) 数值轴刻度：最小值为 60、主刻度为 10、最大值为 100。

(7) 分类轴和数值轴格式：宋体、字号 12、红色。

34. 将以下数据输入工作表 Sheet1 中，并完成以下操作。

购物清单

名称	种类	价格
飘柔洗发水	日化	25.6
乐事薯片	食品	2.6
力士香皂	日化	3.6
大米	食品	50
美的电烤箱	家电	119
德芙巧克力	食品	38
美加净保湿霜	日化	30
玉兰油沐浴露	日化	24.6
多美滋奶粉	食品	155
金龙鱼调和油	食品	80
九阳豆浆机	家电	299

(1) 将标题"购物清单"设置为宋体、16 号、加粗，合并居中显示，价格设为货币形式(添加￥，2 位小数)。

(2) 对表格数据区按"种类"降序排序，并将排序后的表格数据区复制到 A15:C26 区域。

(3) 对左下方新复制的表格数据区按种类对价格求和进行分类汇总，并将汇总结果折叠。

(4) 根据左下方的汇总结果，建立三维饼图，添加数据标签，显示类别名称和百分比。

(5) 将图表标题设为"购物汇总比例"。

(6) 将左上方原始表格数据区设为外框红色双线，内框蓝色单线。

(7) 将工作表 Sheet1 命名为"购物清单"。

35. 将以下数据录入到工作簿的"Sheet2"工作表中，并完成以下操作。

第一季度轿车销售量

厂牌	一月	二月	三月	总计
吉利	1215	985	753	
红旗	983	745	1250	
长城	1536	962	1123	
比亚迪	756	569	628	

(1) 在 Sheet2 中，利用公式或函数计算"总计"列，并将 Sheet2 工作表更名为"图表"。

(2) 利用柱形图，对一月、二月和三月的数据制作图表(总计列不参与)。

(3) 再利用折线图，对一月、二月和三月的数据制作图表(总计列不参与)。

(4) 增加"销售趋势"列，并在该列利用折线迷你图，做出一月至三月的销售趋势线。

4.4 参考答案

一、选择题

1～5. CACDA　　　6～10. BDCBB　　　11～15. DCACB　　　16～20. DAAAC

21～25. CACDC　　　26～30. BDBCC　　　31～35. BCABD　　　36～40. CABAD
41～45. DDADB

二、填空题

1. 填充柄　　　　　　2. =$B$2+B7　　　　3. F6、$E$5 (说明：次序不能颠倒)

4. =D3+$D$2　　　　5. 1、255、16384×1048576 (说明：次序不能颠倒)

6. 数字、字母 (说明：次序不能颠倒)　　　　7. =　　　　　　8. 32

9. 及格、=IF(AVERAGE(B$1:B$4)>=60,"及格","不及格") (说明：次序不能颠倒)

10. =SUM(D2:D4)、=SUM(C4:C6)、=SUM(D3:D5) (说明：次序不能颠倒)

11. 冻结窗格　　　12. 图表工具　　　13. 开始　　　　14. 130008

15. 开始

三、操作题

1. 默认情况下，Excel 在一个工作簿中只有 1 张工作表，我们也可以根据需要更改默认的工作表张数。操作步骤如下。

❶ 依次单击"文件"选项卡、"选项"命令。

❷ 打开"Excel 选项"对话框，如图 4.104 所示。在左窗格单击"常规"命令，在右窗格的"新建工作簿时"栏下设置工作表张数。

❸ 单击"确定"按钮。

图 4.104　"Excel 选项"对话框

2. 为了方便使用和管理工作表，我们可以为工作表标签设置颜色，使常用的或重要的工作表突出。操作步骤如下。

❶ 在需要更改颜色的工作表标签上单击鼠标右键。

❷ 在弹出的快捷菜单中指向"工作表标签颜色"命令，如图 4.105 所示，在颜色面板选择需要的颜色。

图 4.105　工作表标签右键快捷菜单

3. 对于重要的工作表，如果不希望别人查看，那么可将工作表隐藏起来。操作步骤如下。

❶ 在需要隐藏的工作表上单击鼠标右键。

❷ 在弹出的快捷菜单中单击"隐藏"命令。

4. 为工作簿设置权限后，只有通过权限验证才能访问。为工作簿设置使用权限的操作步骤如下。

❶ 在"审阅"选项卡的"保护"组中，单击"保护工作簿"，打开"保护结构和窗口"，在"密码"框中输入密码，单击"确定"按钮，弹出"确认密码"对话框框，再次刚刚输入的密码，单击"确定"按钮。

❷ 依次单击"文件"选项卡、"信息"命令、"保护工作簿"按钮，在下拉菜单中单击"用密码进行加密"命令，如图 4.106 所示。

图 4.106　"保护工作簿"按钮的下拉菜单

❸ 打开"加密文档"对话框，在密码框中输入拟定的密码后单击"确定"按钮。打开"确认密码"对话框，再次输入刚才的密码，单击"确定"按钮。

❹ 在如图 4.106 所示的下拉菜单中，用鼠标指向"限制访问"命令，在下一级菜单中设置"限制访问"的权限。

如果计算机未设置信息权限管理(IRM)，那么先登录到 Office，打开现有的受 IRM 保护的文档。

5. 在使用 Excel 处理工作时，经常会遇到输入以"0"开头的数字。如果直接在单元格中输入，Excel 会把它识别成数值型数据丢掉前面的"0"。输入以"0"开头的数据的操作步骤如下。

❶ 选择需要输入以"0"开头的数字的单元格。

❷ 在"开始"选项卡的"数字"组中单击"数字格式"下拉按钮。

❸ 在弹出的列表框中选择"文本"命令。

❹ 在单元格中输入以"0"开头的数字后，按"Enter"键确认输入。

6. 为了工作表中数据的准确性，可先设定数值的小数位数，再输入数据。设定数值小数点位数的操作步骤如下。

❶ 选择需要替换的单元格数据。

❷ 在"开始"选项卡的"数字"组中，单击右下角的对话框启动器。

❸ 打开"设置单元格格式"对话框，如图 4.107 所示，在"数字"选项卡的"分类"列表中选择"数值"选项，在右窗格中设置小数位数。

图 4.107 "设置单元格格式"对话框的"数值"选项卡

❹ 单击"确定"按钮。

7. 在工作表中除了输入特殊数据需要使用文本格式外，输入较长的数值也需要使用文本格式，这样单元格中的数据才不会发生改变。操作步骤如下。

将输入法的输入状态调整为"英文",在单元格中先输入"'"号,再输入数值,按"Enter"键。

8. 在使用 Excel 时,常会需要在多个单元格中输入相同的数据。操作步骤如下。

❶ 选中需要输入相同数据的单元格,输入数据。

❷ 按"Ctrl + Enter"组合键。

9. 在工作表中输入太多的自定义序列后,可以删除不经常使用的自定义序列。操作步骤如下。

❶ 依次单击"文件"选项卡、"选项"命令,打开"Excel 选项"对话框,在左窗格选中"高级"选项,在右窗格"常规"栏下单击"编辑自定义列表"按钮,如图 4.108 所示。

图 4.108 "Excel 选项"对话框

❷ 打开"自定义序列"对话框,选择需要删除的序列,如图 4.109 所示。

图 4.109 "自定义序列"对话框

❸ 单击"删除"按钮,打开"Microsoft Excel"对话框,单击"确定"按钮。

❹ 单击"自定义序列"对话框中的"确定"按钮,关闭对话框。

10. 默认情况下,无论单元格有多宽,输入的数据都有可能跨行显示出来。若制作表格时需要文字换行,则需要对单元格进行设置。让输入的数据自动换行的操作步骤如下。

❶ 输入文字,在"开始"选项卡的"对齐方式"组中,单击右下角的对话框启动器。

❷ 打开"设置单元格格式"对话框,在"对齐"选项卡的"文本控制"栏下选中"自动换行"复选框。

❸ 单击"确定"按钮。

或者,输入文字,在"开始"选项卡的"对齐方式"组中单击"自动换行"按钮 。

11. 在 Excel 中,当列宽不够宽或使用了负的日期、负的时间时,单元格内可能会出现"#####"错误。解决此错误提示的操作步骤如下。

将光标移至出现"#####"提示的列标上,当光标变成 ✛ 形状时,双击鼠标左键。或者按下鼠标左键向右拖曳,调整列宽。

12. 默认情况下,单元格中的文本或数据都是横向显示的,有时需要在表格一侧垂直显示。操作步骤如下。

❶ 选中需要设置垂直显示的单元格区域。

❷ 在"开始"选项卡的"对齐方式"组中,单击右下角的对话框启动器。

❸ 打开"设置单元格格式"对话框,如图 4.110 所示。在"对齐"选项卡的"文本控制"栏目下选中"合并单元格"复选框,在右侧"方向"栏下选择文字方向。

图 4.110 "设置单元格格式"对话框的"对齐"选项卡

❹ 单击"确定"按钮。

或者,选中需要设置垂直显示的单元格区域,在"开始"选项卡的"对齐方式"组中,先单击"合并后居中"按钮,再单击"方向"按钮,在下拉菜单中选择"竖排文字"命令。

13. 在工作表中，如果将行、列数据存放反了，那么需要通过行、列转置的方法进行调整。操作步骤如下。

❶ 选择需要进行行列转置的数据。

❷ 在"开始"选项卡的"剪贴板"组中，单击"复制"按钮。

❸ 将光标定位至需要存放数据的单元格后，在"剪贴板"组中单击"粘贴"按钮，在弹出的列表中选择"转置"命令，如图4.111所示。

14.对单元格中的一些特殊数据进行强调说明时，可使用批注功能来实现。也可以对修改内容进行注解。操作步骤如下。

❶ 选择需要进行说明的单元格。

❷ 在"审阅"选项卡的"批注"组中，单击"新建批注"按钮。

❸ 插入批注后，在批注框中输入批注内容。

添加批注的单元格右上角有一个红色直角三角形标记，单击该单元格或用鼠标指向它，会显示批注内容。

15. 如果要创建名称的单元格区域包含标题，可以通过选择包含标题在内的区域自动为新建名称命名。操作步骤如下。

❶ 选择要定义名称的单元格区域。

图 4.111　"粘贴"按钮

❷ 在"公式"选项卡的"定义的名称"组中单击"根据所选内容创建"按钮。

❸ 打开"根据选定区域创建名称"对话框，在"根据下列内容中的值创建名称"栏下选中"首行"复选框。

❹ 单击"确定"按钮。

16. 在单元格 A2 到 A10 中输入数字 1~9，在 B1 到 J1 中输入数字 1~9，用公式复制的方法在 B2:J10 区域设计出九九乘法表。操作步骤如下。

❶ 在 B2 单元格中输入公式 "=IF($A2<B$1,"",$A2&"×"&B$1&"="&$A2*B$1)"。

❷ 选中 B2 单元格，向下拖曳填充柄，填充 B3~B10 单元格区域。

❸ 选中 B2~B10 单元格区域，向右拖曳填充柄，填充 C2~J10 单元格区域，填充效果如图4.112 所示。

4.112　用填充柄完成的九九乘法表效果图

17.在 Excel 中更改公式时，可以通过"监视窗口"来监视某些单元格的值所发生的变化。监视区域的值在单独的监视窗口中显示，无论工作簿显示的是哪个区域，监视窗口始终可见。操作步骤如下。

❶ 选中存储公式的单元格，在"公式"选项卡的"公式审核"组中，单击"监视窗口"按钮，打开"监视窗口"窗格，如图 4.113 所示。

图 4.113　"监视窗口"窗格

❷ 单击"添加监视…"命令，打开"添加监视点"对话框，如图 4.114 所示。

图 4.114　"添加监视点"对话框

❸ 输入监视区域或者在工作表中拖曳鼠标进行选择，单击"添加"按钮，将监视点添加到"监视窗口"窗格。根据需要可以添加其他监视点。"监视窗口"窗格在工作簿中始终处于可见状态，在监视区显示工作表中输入的公式如图 4.115 所示。

图 4.115　监视区显示工作表中输入的公式

18.数组公式是指对两组或多组参数进行多重计算，并返回一种或多种结果，其特点是每个数组参数必须有相同多的行和列。输入单个单元格数组公式的操作步骤如下。

❶ 选择需要输入数组公式的单元格区域，如 D2:D7。

❷ 在编辑栏中输入公式，如"=B2:B7+C2:C7"，如图 4.116 所示。

图 4.116　在编辑栏中输入公式

❸ 按 "Shift + Ctrl + Enter" 组合键确认。系统会自动用大括号 "{ }" 进行标记 "{=B2:B7+C2:C7}"，以区别于普通公式，如图 4.117 所示。

图 4.117　数组公式

19.如果需要对工作表中满足给定条件的单元格数据求和，就可以结合 SUM()函数和 IF()函数，但使用 SUMIF()函数可以更快地完成计算，如图 4.118 所示。以 "计算所有女员工的合计值" 为例说明操作步骤如下。

图 4.118　SUMIF()函数示例

❶ 选中存放计算结果的单元格，如 "I7" 单元格。

❷ 在编辑栏中输入 "=SUMIF(条件区域,条件,计算求和的单元格区域)"，本例为 "=SUMIF(B2:B6,"女",I2:I6)"。

❸ 按 Enter 键确认计算结果，如图 4.119 所示。

图 4.119 SUMIF()函数示例计算结果

20. SYD()函数的作用是固定资产按年限总和折旧法计算的每期折旧金额。SYD()语法为：

SYD(cost,salvage,lift,per)

某公司资产原值 50000 元，使用 5 年后，现资产残值为 5000 元，按年度总和折旧法计算每年金额。操作步骤如下。

❶ 如图 4.120 所示，将已知数据输入到相应的单元格(如 C3:C5)。

图 4.120 SYD()函数示例

❷ 选择存放每年折旧额的单元格（如 D8），在编辑栏中输入公式"=SYD($C$3,$C$4,$C$5,$A8)"，按 Enter 键。

❸ 单击 D8 单元格，向下拖曳填充柄填充 D9:D12 单元格区域，计算出每年折旧金额。

❹ 选择存放每年折旧值之和的单元格(如 D14)，在"公式"选项卡的"函数库"组中，单击"自动求和"按钮，按 Enter 键，计算出折旧合计值。

21. 在每个分类汇总后插入一个自动分页符，可以实现分页存放汇总数据。操作步骤如下。

❶ 将鼠标指针定位在排序列的任一单元格(如"区域")。

❷ 在"数据"选项卡的"排序和筛选"组中单击"升序"或"降序"按钮。

❸ 在"数据"选项卡的"分级显示"组中单击"分类汇总"按钮，打开"分类汇总"对话框。

❹ 如图 4.121 所示，在"分类字段"下拉列表框中选择要汇总的字段(如"区域")，在"选定汇总项"列表框中选中要汇总的序列(如"合计")，单击选中"每组数据分页"前面的复选框。

图 4.121 "分类汇总"对话框选中"每组数据分页"

❺ 单击"确定"按钮，结果如图 4.122 所示。

1 2 3		A	B	C	
	1	区域	运动	销售额	
	2	东部	高尔夫球	5,000.00	
	3	东部	高尔夫球	2,000.00	
	4	东部	高尔夫球	1,500.00	
	5	东部 汇总		8,500.00	
	6		高尔夫球小计	8,500.00	分页符标识线
	7	东部	户外	9,000.00	
	8	东部	户外	4,000.00	
	9	东部	户外	9,800.00	
	10	东部 汇总		22,800.00	
	11		户外小计	22,800.00	
	12	东部	网球	2,600.00	
	13	东部	网球	1,500.00	
	14	东部 汇总		4,100.00	
	15		网球小计	4,100.00	

图 4.122 自动分页符示例

22.分列是将 Excel 一个单元格中的内容根据分隔符分成多个独立的列，以快速将一列单元格拆分。操作步骤如下。

❶ 如图 4.123(a)所示，选中 D 列("现居住地"列)。

❷ 在"开始"选项卡的"单元格"组中单击"插入"按钮，在下拉菜单中选择"插入工作表列"命令，如图 4.123(b)所示。这时，在"现居住地"列左侧插入一空列，并命名为 D 列。

(a)快速拆分列示例数据　　　　　　　(b)"插入"按钮下拉菜单

图 4.123　快速拆分列示例

❸ 选择要分列的 C 列。

❹ 在"数据"选项卡的"数据工具"组中，单击"分列"按钮，打开"文本分列向导"对话框，如图 4.124 所示。

图 4.124　文本分列向导 – 第 1 步

❺ 选中"分隔符号"单选钮，单击"下一步"按钮。

❻ 如图 4.125 所示，在"分隔符号"栏选中的"其他"复选框，并输入"-"符号，单击"下一步"按钮。

❼ 如图 4.126 所示，在"列数据格式"栏中选中"文本"单选钮，单击"完成"按钮。操作完成后，在 C 列留下电话区号，在 D 列加入电话号码。

23.重复项是指一行中所有项与另一行中项完全匹配，它由单元格中显示的值确定，而不必是存储的单元格中的值。删除重复项的操作步骤如下。

图 4.125　文本分列向导 – 第 2 步

图 4.126　文本分列向导 – 第 3 步

❶ 选中数据区，如图 4.127 所示。

	A	B	C	D
1	2016级电气工程专业同学通讯录			
2	姓名	性别	联系电话	现居住地
3	赵琪	男	028-85037521	成都
4	孙硅	男	021-65879312	上海
5	李月儿	女	0827-6659232	巴中
6	朱凯	男	025-84632610	南京
7	吴红艳	女	024-63254120	沈阳
8	李娟	女	0839-2853140	广元
9	陈建国	男	0816-2643201	绵阳
10	王贤国	男	025-84630264	南京

图 4.127　删除重复项示例

❷ 在"数据"选项卡的"数据工具"组中，单击"删除重复项"按钮 ，打开"删除重复项"对话框。

❸ 如图 4.128 所示，在"列"选项中选中"现居住地"复选框，单击"确定"按钮.

图 4.128　"删除重复项"对话框

❹ 打开"Microsoft Excel"对话框，如图 4.129 所示，单击"确定"按钮。

图 4.129　"Microsoft Excel"对话框

24.向单元格中输入数据时，为了规范数据或防止出错，可以设置数据验证来规定输入数据的范围。操作步骤如下。

❶ 选中单元格区域。

❷ 在"数据"选项卡的"数据工具"组中，单击"数据验证"按钮 的下拉箭头，在下拉菜单中选择"数据验证"命令，打开"数据验证"对话框。

❸ 如图 4.130 所示，在"设置"选项卡的"验证条件"栏的"允许"下拉列表中，选择"整

数"；在"数据"下拉列表中选择"介于"；在"最小值""最大值"框中分别输入数据值。

图 4.130 "数据有效性"对话框

❹ 单击"输入信息"选项卡，在"标题"和"输入信息"框输入提示信息。

❺ 单击"出错警告"选项卡，在"标题"框中输入信息。

❻ 单击"确定"按钮。当在单元格中输入数据无效时，就会出现要求重新输入的提示。

25. 为防止他人对图表进行更改，可以把制作好的图表作为图片插入到工作表的其他位置。操作步骤如下。

❶ 选中图表。

❷ 在"开始"选项卡的"剪贴板"组中单击"剪切"按钮。

❸ 选择另一个工作表(如"Sheet2")，在"开始"选项卡的"剪贴板"组中单击"粘贴"按钮，在下拉列表中选择"图片"选项，如图 4.131 所示。

图 4.131 "粘贴"按钮下的"图片"选项

26.为了美化图表，可以给图表区域和图形区域添加背景。操作步骤如下。

❶ 选中图表。

❷ 在"图表工具"选项卡"格式"子选项卡的"形状样式"组中单击"形状填充"按钮，在弹出的下拉列表中选择需要填充的颜色。也可以选择图片作为背景填充。

27. 如果对创建的图表类型不满意或不符合查看数据的方式，可以更改图表类型。操作步骤如下。

❶ 选中图表。

❷ 在"图表工具"选项卡"设计"子选项卡的"类型"组中单击"更改图表类型"按钮。

❸ 打开"更改图表类型"对话框，在左侧选中需要的类型(如"折线图")，在右侧选择一种样式。

❹ 单击"确定"按钮。

28. 有时，由于数据间差距太大，导致有些数据系列在图表中无法全部显示出来。为了解决这个问题，可以为数据系列创建两根 Y 轴。操作步骤如下。

❶ 选中如图 4.132 所示的单元格区域，在"插入"选项卡的"图表"组中单击"插入组合图"按钮，在下拉列表中单击"簇状柱形图 - 折线图"。可以看出，图表中只有一根 Y 轴。

图 4.132　只有一根 Y 轴的图表示例

❷ 如图 4.133 所示，在折线图表上单击鼠标右键，在快捷菜单中选中"设置数据系列格式"命令。

图 4.133 在折线图表上单击鼠标右键

❸ 打开"设置数据系列格式"窗格,在侧面板上方单击"系列选项",在侧面板下方选中"次坐标轴"单选钮,如图 4.134 所示。

图 4.134 "设置数据系列格式"对话框

❹ 设置 2 根 Y 轴后的效果如图 4.135 所示。

29.默认情况下,打印表格的行数为 54 行,列数为 1 列,如果表格的列数超过了默认列,则需要进行手动设置,让包含列数较多的表格打印在一张纸上。操作步骤如下。

❶ 在"视图"选项卡的"工作簿视图"组中单击"分页预览"按钮。

❷ 进入"分页预览"视图界面后,打开"欢迎使用'分页预览'视图"对话框,在对话框中的虚线表示打印范围。

图 4.135   2 根 Y 轴效果图

❸ 单击"确定"按钮。

30. 设置页眉页脚奇偶页不同的操作步骤如下。

❶ 在"页面布局"选项卡的"页面设置"组中，单击右下角的"对话框启动器"按钮。

❷ 打开"页面设置"对话框，单击"页眉/页脚"选项卡，选中"奇偶页不同"复选框，如图 4.136 所示。

图 4.136   "页面设置"对话框的"页眉/页脚"选项卡

❸ 单击"确定"按钮，设置完后要重新输入页眉和页脚的内容。

31. 在跨页时每页都打印表格标题(假设第 1 行为标题行)。

❶ 在"页面布局"选项卡的"页面设置"组中，单击右下角的"对话框启动器"按钮。

❷ 打开"页面设置"对话框，单击"工作表"选项卡，在"顶端标题行"框中输入标题单元格区域(如$1:$1)，如图 4.137 所示。

图 4.137　"页面设置"对话框的"工作表"选项卡

❸ 单击"确定"按钮。

32. 本题只提供一种操作方法，用其他操作可完成的也正确。

(1) 建立"银行存款.xlsx"工作簿。操作步骤如下。

❶ 启动 Excel，新建工作簿。

❷ 依次单击"文件"选项卡、"另存为"命令、"浏览"选项。

❸ 打开"另存为"对话框，选择保存工作簿的地址，在"文件名"框中输入"银行存款"，在"保存类型"下拉列表中选择"Excel 工作簿"。

❹ 单击"保存"按钮。

① 把题目规定的表格内容输入到工作簿的 Sheet1 中。

输入数据后的工作表如图 4.138 所示。

② 填充"存入日"，按月填充，步长为 1，终止值为"13-12-1"。操作步骤如下。

❶ 选中 B2:B13 单元格区域。

❷ 在"开始"选项卡的"编辑"组中单击"填充"按钮🔽▾，在下拉菜单中单击"序列"命令，打开"序列"对话框，如图 4.139 所示。

图 4.138　银行存款示例

(a)　"填充"按钮下拉菜单

(b)　"序列"对话框

图 4.139　"填充"按钮的下拉菜单与"序列"对话框

❸ 在"序列产生在"栏选中"列"单选钮，在"类型"栏选中"日期"单选钮，在"日期单位"栏选中"月"单选钮，在"步长值"文本框中填入"1"，在"终止值"文本框中填入"13/12/1"。

❹ 单击"确定"按钮。

③ 填充"到期日"。操作步骤如下。

❶ 单击单元格 F2。

❷ 在编辑栏中输入公式"=B2+C2*365"，按 Enter 键。

❸ 单击单元格 F2，向下拖曳填充柄到单元格 F13。

④ 用公式计算"年利率"(年利率=期限×0.85)和"本息"(本息=金额×(1+期限×年利率/100))，进行填充。操作步骤如下。

❶ 单击单元格 D2。

❷ 在编辑栏中输入公式"=C2*0.85"，按 Enter 键。

❸ 单击单元格 D2，向下拖曳填充柄到单元格 D13。

❹ 单击单元格 G2，在编辑栏中输入公式"=E2*(1+C2*D2/100)"，按 Enter 键。

❺ 单击单元格 G2，向下拖曳填充柄到单元格 G13。

⑤ 在 I1 和 J1 单元格内分别输入"季度总额"、"季度总额百分比"。单击单元格 I1，输入"季度总额"；单击单元格 J1，输入"季度总额百分比"。

⑥ 分别计算出各季度存款总额和各季度存款总额占总存款的百分比。操作步骤如下。

❶ 单击单元格 I4，在编辑栏输入公式"=SUM(E2:E4)"，按 Enter 键。

❷ 单击单元格 I4，在"开始"选项卡的"剪贴板"组中单击"复制"按钮。

❸ 分别单击单元格 I7、I10、I13，在"开始"选项卡的"剪贴板"组中单击"粘贴"按钮。

❹ 单击单元格 B14，在编辑栏输入"总存款"，按 Enter 键。

❺ 单击单元格 E14，在"开始"选项卡的"编辑"组中单击"自动求和"按钮，按 Enter 键。

❻ 单击单元格 J4，在编辑栏输入公式"=I4/$E$14"，按 Enter 键。

❼ 单击单元格 J4，在"开始"选项卡的"剪贴板"组中单击"复制"按钮。

❽ 分别单击单元格 J7、J10、J13，在"开始"选项卡的"剪贴板"组中单击"粘贴"按钮。

完成第(1)小题后，效果如图 4.140 所示。

	A	B	C	D	E	F	G	H	I	J
1	序号	存入日	期限	年利率	金额	到期日	本息	银行	季度总额	季度总额百分比
2	1	2013/1/1	5	4.25	1000	2017/12/31	1212.5	工商银行		
3	2	2013/2/1	3	2.55	2500	2016/2/1	2691.25	中国银行		
4	3	2013/3/1	5	4.25	3000	2018/2/28	3637.5	建设银行	6500	0.1917404
5	4	2013/4/1	1	0.85	2200	2014/4/1	2218.7	农业银行		
6	5	2013/5/1	3	2.55	1600	2016/4/30	1722.4	农业银行		
7	6	2013/6/1	5	4.25	4200	2018/5/31	5092.5	农业银行	8200	0.2418879
8	7	2013/7/1	3	2.55	3600	2016/6/30	3875.4	中国银行		
9	8	2013/8/1	3	2.55	2800	2016/7/31	3014.2	中国银行		
10	9	2013/9/1	1	0.85	1800	2014/9/1	1815.3	建设银行	11200	0.3303835
11	10	2013/10/1	1	0.85	5000	2014/10/1	5042.5	工商银行		
12	11	2013/11/1	5	4.25	2400	2018/10/31	2910	工商银行		
13	12	2013/12/1	3	2.55	3800	2016/11/30	4090.7	建设银行	37700	1.1120944
14		总存款			33900					

图 4.140 完成第(1)小题后的效果图

(2) 格式设置。

① 在顶端插入标题行，输入文本"2013 年各银行存款记录"，华文行楷、字号 26、加"蓝色 个性色1，淡色 60%"底纹。将 A1：J1 合并后居中，垂直居中对齐。

操作步骤如下。

❶ 用鼠标右键单击第一行的行号，在快捷菜单中单击"插入"命令，Excel 插入一个空行。

❷ 在编辑栏输入文本"2013 年各银行存款记录"。

❸ 在"开始"选项卡的"字体"组中单击"字体"框右侧的下拉箭头，在下拉列表中选中"华文行楷"(若无字体，则应事先安装)；单击"字号"框右侧的下拉箭头，在下拉列表中选中"26 磅"；单击"填充颜色"右侧下拉按钮，在颜色列表中选择"蓝色 个性色1，淡色 60%"。

❹ 选中单元格区域 A1:J1。

❺ 在"开始"选项卡的"对齐方式"组中依次单击"合并后居中"按钮、"垂直居中"按钮。

② 设置各字段名格式：宋体、字号 12、加粗、水平、垂直居中对齐。

操作步骤如下。

❶ 选中单元格区域 A2:J2。

❷ 在"开始"选项卡的"字体"组中，单击"字体"框右侧下拉箭头，选择"宋体"；单击"字号"框右侧下拉箭头，选择"12"磅；单击"加粗"按钮。

❸ 在"开始"选项卡的"对齐方式"组中，依次单击"居中""垂直居中"按钮。

③ 设置数据(记录)格式：宋体、字号 12、水平、垂直居中对齐。第 J 列数据按百分比样式，保留 2 位小数。

操作步骤如下。

❶ 选中单元格区域 A3:J15。

❷ 在"开始"选项卡的"字体"组中，使用"字体""字号""加粗"按钮进行设置。

❸ 在"开始"选项卡的"对齐方式"组中，使用"居中""垂直居中"按钮进行设置。

❹ 选中 J 列，在"开始"选项卡的"数字"组，单击"百分比样式"按钮，单击"增加小数位"按钮 2 次。

④ 设置各列最合适的列宽。

操作步骤如下。

❶ 选中 A 列到 J 列。

❷ 在"开始"选项卡的"单元格"组单击"格式"按钮，在弹出的快捷菜单中单击"自动调整列宽"命令。

(3) 将修改后的文件命名为"你的名字加上字符 A"保存。

操作步骤如下。

❶ 依次单击"文件"选项卡、"另存为"命令、"浏览"选项。

❷ 打开"另存为"对话框，在"文件名"栏输入如"张三 A"的文件名。

❸ 单击"保存"按钮。

33. 根据表 4.2 建立图表，并按下列要求操作。

建立工作簿"学生成绩.xlsx"，在 Sheet1 中输入表 4.2 的表格内容，"总成绩"和"平均成绩"用公式计算获得；在第 3 行和第 4 行之间增加一条记录，其中姓名为你自己的名字，其他任意；将 Sheet1 中的内容分别复制到 Sheet2、Sheet3 和 Sheet4 中。操作步骤如下。

❶ 启动 Excel，新建工作簿。

❷ 依次单击"文件"选项卡、"另存为"命令、"浏览"选项。

❸ 打开"另存为"对话框，选择保存工作簿的地址，在"文件名"框中输入"学生成绩"，在"保存类型"下拉列表中选择"Excel 工作簿"。

❹ 单击"保存"按钮。在工作表 Sheet1 中输入表 4.2 的表格内容，结果如图 4.141 所示。

❺ 选中单元格 G2，在"编辑栏"输入公式"=SUM(E2:F2)"或"=E2+F2"，按 Enter 键；选中单元格 H2，在"编辑栏"输入公式"=AVERAGE(E2:F2)"或"=(E2+F2)/2"，按 Enter 键。

❻ 选中单元格区域 G2:H2，向下拖曳填充柄至第 14 行。

❼ 将光标移到第 4 行行号上，当光标变成右向黑箭头时，单击鼠标右键，在快捷菜单中选择"插入"命令，即可在第 3 行和第 4 行之间插入一个空行。单击单元格 C4，输入你自己的名字，分别选中本行的其他单元格，输入相关数据。

	A	B	C	D	E	F	G	H
1	班级	学号	姓名	性别	数学成绩	英语成绩	总成绩	平均成绩
2	201301	2013000011	张 郝	男	60	62		
3	201302	2013000046	叶志远	男	70	75		
4	201301	2013000024	刘欣欣	男	85	90		
5	201302	2013000058	成 坚	男	89	94		
6	201303	2013000090	许坚强	男	90	95		
7	201302	2013000056	李 刚	男	86	65		
8	201301	2013000001	许文强	男	79	84		
9	201303	2013000087	王梦璐	女	65	70		
10	201302	2013000050	钱丹丹	女	73	80		
11	201302	2013000063	刘 灵	女	79	81		
12	201301	2013000013	康菲尔	女	86	82		
13	201301	2013000008	康明敏	女	92	96		
14	201301	2013000010	刘晓丽	女	99	93		

Sheet1　Sheet2　Sheet3　… ⊕

图 4.141　学生成绩操作示例

❽ 如有必要，就单击"新工作表"按钮 ⊕ 三次，添加空工作表 Sheet2、Sheet3 和 Sheet4。单击工作表 Sheet1 左上角的"全选"按钮，在"开始"选项卡的"剪贴板"组中单击"复制"按钮；单击工作表 Sheet2 左上角的"全选"按钮，在"开始"选项卡的"剪贴板"组中单击"粘贴"命令；用同样的方法，将 Sheet1 中的内容分别复制到 Sheet3 和 Sheet4 中。

(1) 用 Sheet1 工作表中"平均成绩"80 分以上(包括 80 分)的记录建立图表。

操作步骤如下。

❶ 在"学生成绩.xlsx"工作簿中单击工作表 Sheet1，在数据区域单击任意单元格。

❷ 在"数据"选项卡的"排序和筛选"组中单击"筛选"按钮。

❸ 如图 4.142 所示，单击"平均成绩"右侧的下拉箭头，在下拉列表中去掉小于 80 分复选框中的"√"，单击"确定"按钮。

图 4.142　"平均成绩"筛选菜单

❹选中"姓名""数学成绩"和"英语成绩"所在的单元格区域 C1:C15 和 E1:F15。

❺ 在"插入"选项卡的"图表"组中单击"插入折线图或面积图"按钮,在列表中选择一种二维折线图。

(2) 设置分类轴为"姓名",数据系列为"数学成绩"和"英语成绩"。

操作步骤如下。

❶ 选中图表,在"图表工具"选项卡"设计"子选项卡的"图表布局"组中单击"添加图表元素"按钮,在下拉菜单中指向"坐标轴标题",选择"主要横坐标轴"命令。将"坐标轴标题"占位符添加到图表中。

❷ 选中"坐标轴标题"占位符,将其修改为"姓名"。

图表默认的数据系列为"数学成绩"和"英语成绩",不用修改。

(3) 采用折线图的第 4 种。

操作步骤如下。

❶ 选中图表。

❷ 在"图表工具"选项卡"设计"子选项卡的"图表布局"组中单击"快速布局"按钮,在列表中选中"布局4",生成的图表如图 4.143 所示。

图 4.143　"平均成绩"80 分以上(包括 80 分)的图表

(4) 修改图例位于右上角,名称为"数学成绩"和"英语成绩",宋体、字号 16。

操作步骤如下。

❶ 选中图表。在"图表工具"选项卡"设计"子选项卡的"图表布局"组中单击"添加图表元素"按钮,在下拉菜单中指向"图例",选择"右侧"命令。

❷ 选中图例,用鼠标将其拖曳到右上角。在"开始"选项卡的"字体"组中单击"字体"框右侧下拉箭头,选择"宋体";单击"字号"框右侧下拉箭头,选择"16"。

(5) 设置图表标题为"学生成绩",宋体、字号 20、加粗。

操作步骤如下。

❶ 选中图表。在"图表工具"选项卡"设计"子选项卡的"图表布局"组中单击"添加

图表元素"按钮，在下拉菜单中指向"图表标题"，选择"图表上方"命令。将"图表标题"占位符添加到图表中。

❷ 选中"图表标题"，将其修改为"学生成绩"。在"开始"选项卡的"字体"组中，单击"字体"框右侧下拉箭头，选择"宋体"；单击"字号"框右侧下拉箭头，选择"20"；单击"加粗"按钮。

(6) 设置数值轴刻度：最小值为60、主刻度为10、最大值为100。

操作步骤如下。

❶ 在图表中，选中纵坐标轴并单击鼠标右键，在快捷菜单中选择"设置坐标轴格式"命令，如图4.144所示。

图4.144　在纵坐标轴上单击鼠标右键

❷ 打开"设置坐标轴格式"窗格，如图4.145所示，在"坐标轴选项"栏下设置"最小值"为60、"最大值"为100、主要刻度单位"大"为10、"小"为1。

图4.145　"设置坐标轴格式"窗格

(7) 设置分类轴和数值轴格式：宋体、字号 12、红色。

操作步骤如下。

❶ 在图表中选中分类轴，在"开始"选项卡的"字体"组中单击"字体"框右侧下拉箭头，选择"宋体"；单击"字号"框右侧下拉箭头，选择"12"；单击"字体颜色"右侧下拉箭头，选择"红色"。

❷ 在图表中，选中纵坐标轴(数值轴)，用第❶步的方法设置数值轴的宋体、字号、颜色。

完成后图表如图 4.146 所示。

图 4.146 完成后的学生成绩图表

34. 建立一个空工作簿，将题中数据输入到工作表 Sheet1 中，结果如图 4.147 所示。

	A	B	C
1	购物清单		
2	名称	种类	价格
3	飘柔洗发水	日化	25.6
4	乐事薯片	食品	2.6
5	力士香皂	日化	3.6
6	大米	食品	50
7	美的电烤箱	家电	119
8	德芙巧克力	食品	38
9	美加净保湿霜	日化	30
10	玉兰油沐浴露	日化	24.6
11	多美滋奶粉	食品	155
12	金龙鱼调和油	食品	80
13	九阳豆浆机	家电	299

Sheet1 ⊕

图 4.147 题 34 数据示例

(1) 将标题"购物清单"设置为宋体、16 号、加粗，合并居中显示，价格设为货币形式(添加￥，2 位小数)。

操作步骤如下。

❶ 选中单元格 A1，在"开始"选项卡的"字体"组中，单击"字体"框右侧下拉箭头，选择"宋体"；单击"字号"框右侧下拉箭头，选择"16"；单击"加粗"按钮。

❷ 选中单元格区域 A1:C1，在"开始"选项卡的"对齐方式"组中单击"合并后居中"按钮。

❸ 选中单元格区域 C3:C13，在"开始"选项卡的"数字"组中单击"会计数字格式"按钮右侧的下拉箭头，在下拉列表中选择"￥中文(中国)"；如有必要，单击"增加小数位数"按钮或"增加小数位数"按钮，将小数位数设置为 2 位。

(2) 对表格数据区按"种类"降序排序，并将排序后的表格数据区复制到 A15:C26 区域。操作步骤如下。

❶ 单击"种类"列数据区域的任意单元格。

❷ 在"数据"选项卡的"排列和筛选"组中单击"排序"按钮，打开"排序"对话框，如图 4.148 所示。在"列"栏下的"主要关键字"下拉列表中选择"种类"，在"次序"栏下的下拉列表中选择"降序"。

图 4.148 "排序"对话框

❸ 单击"确定"按钮。

❹ 选中单元格区域 A2:C13，在"开始"选项卡的"剪贴板"组中单击"复制"按钮。

❺ 单击单元格 A15，在"开始"选项卡的"剪贴板"组中单击"粘贴"按钮。

(3) 对左下方新复制的表格数据区按种类对价格求和，进行分类汇总，并将汇总结果折叠。操作步骤如下。

❶ 选中单元格区域 A15:C26。

❷ 在"数据"选项卡的"分级显示"组中，单击"分类汇总"按钮，打开"分类汇总"对话框。

❸ 在"分类字段"下拉列表框中选择"种类"，在"汇总方式"下拉列表中选择"求和"，在"选定汇总项"列表中选中"价格"。

❹ 单击"确定"按钮。

❺ 单击汇总项前面的折叠按钮 ▬，结果如图 4.149 所示。

图 4.149　折叠汇总项的效果

(4) 根据左下方的汇总结果，建立三维饼图，添加数据标签，显示类别名称和百分比。

操作步骤如下。

❶ 选中左下方的汇总项数据。在"插入"选项卡的"图表"组中单击"插入饼图或圆环图"按钮，在下拉列表中选择"三维饼图"。

❷ 在"图表工具"选项卡"设计"子选项卡的"图表布局"组中单击"添加图表元素"按钮，在下拉菜单中指向"数据标签"，在下一级菜单中选择"数据标签外"命令；在下拉菜单中指向"图例"，在下一级菜单中选择"右侧"命令。

(5) 将图表标题设为"购物汇总比例"。

操作步骤如下。

❶ 选中第(4)问建立的图表。

❷ 在图表中选中"图表标题"占位符，修改为"购物汇总比例"。

(6) 将左上方原始表格数据区设为外框红色双线，内框蓝色单线。

操作步骤如下。

❶ 选中单元格区域 A2:C13。

❷ 在"开始"选项卡的"字体"组或"对齐方式"组或"数字"组中，单击"对话框启动器"按钮，打开"设置单元格格式"对话框。

❸ 在该对话框中，单击"边框"选项卡，在"直线"栏下的"样式"列表中选中"双线"线形，在"颜色"列表中选中"红色"，在"预置"栏下单击"外边框"；按前述方法选中蓝色单线后，再在"预置"栏下单击"内部"。

❹ 单击"确定"按钮。

(7) 将工作表 Sheet1 命名为"购物清单"。

操作方如下。

双击工作表标签 Sheet1，将表名更改为"购物清单"。

操作全部完成后的效果如图 4.150 所示。

图 4.150 题 34 完成全部操作后的效果

35. 将数据录入到作簿的"Sheet2"工作表中。

操作步骤如下。

❶ 启动 Excel，新建一个空工作簿。

❷ 在工作簿中单击"新工作表"按钮⊕，增加一个空工作表，并自动命名为"Sheet2"。

❸ 将题目规定的数据输入到工作表"Sheet2"中，结果如图 4.151 所示。

	A	B	C	D	E	F
1		第一季度轿车销售量				
2	厂牌	一月	二月	三月	总计	
3	吉利	1215	985	753		
4	红旗	983	745	1250		
5	长城	1536	962	1123		
6	比亚迪	756	569	628		

图 4.151 题 35 示例数据表

(1) 在 Sheet2 中，利用公式或函数计算"总计"列，并将工作表 Sheet2 更名为"图表"。

操作步骤如下。

❶ 选中单元格 E3，输入公式"=SUM(b3:c3)"。

❷ 选中单元格 E3，向下拖曳填充柄到单元格 E6。

❸ 双击工作表 Sheet2 标签，将其更改为"图表"。

(2) 利用柱形图，对一月、二月和三月的数据制作图表(总计列不参与)。

操作步骤如下。

❶ 选中单元格区域 A2:D6。

❷ 在"插入"选项卡的"图表"组中，单击"插入柱形图或条形图"按钮，在"二维柱形图"列表中选择一种图形(如"簇状柱形图")。

❸ 在"图表工具"选项卡的"设计"子选项卡的"图表布局"组中，单击"添加图表元素"按钮，在下拉菜单中用鼠标指向"图例"，在下一级菜单中选择"右侧"命令。

❹ 选中图表中的"图表标题"占位符,按 Delete 键,将其删除。

(3) 再利用折线图,对一月、二月和三月的数据制作图表(总计列不参与)。

操作步骤如下。

❶ 选中单元格区域 A2:D6。

❷ 在"插入"选项卡的"图表"组中,单击"插入折线图或面积图"按钮,在"二维折线图"列表中选择一种折线图形(如"折线图")。

❸ 同第(2)问的步骤❸、步骤❹。

(4) 增加"销售趋势"列,并在该列利用折线迷你图,做出一月至三月的销售趋势线。

操作步骤如下。

❶ 单击单元格 F2,输入"销售趋势"。

❷ 选中单元格 F3,在"插入"选项卡的"迷你图"组中,单击"折线",打开"创建迷你图"对话框,如图 4.152 所示。在"数据范围"框中输入"B3:D3",单击"确定"按钮。

图 4.152 "创建迷你图"对话框

❸ 在"迷你图工具"选项卡"设计"子选项卡的"显示"组中,选中"高点""低点""标记"复选框。

❹ 选中单元格 F3,向下拖曳填充柄至单元格 F6。

完成全部操作后的效果如图 4.153 所示。

图 4.153 题 35 完成全部操作后的效果

第5章 PowerPoint 的使用

5.1 案例实验

实验一 幻灯片制作基础

【实验目的】

(1) 掌握在幻灯片中输入文本的操作方法。

(2) 掌握在幻灯片中插入图片、形状、艺术字的操作步骤和技巧。

(3) 掌握在幻灯片中插入表格的操作步骤和技巧。

(4) 掌握幻灯片背景设置的技巧。

任务 1　在幻灯片中输入文本

编辑幻灯片时，除"空白"版式外，一般可在每张幻灯片上的占位符中添加文本和图形元素。如果输入的文本太多而导致占位符容纳不下，那么，PowerPoint 会缩小字号和行距来容纳所有文本。

如果读者希望自己设置幻灯片的布局，或需要在占位符之外添加文本，可以在输入文字之前先添加文本框。操作步骤如下。

❶ 在"插入"选项卡的"文本"组中单击"文本框"按钮，选择"绘制横排文本框"或"竖排文本框"命令。

❷ 在幻灯片上拖曳鼠标绘制文本框。

❸ 释放鼠标，在文本框内输入所需要的文字后，在幻灯片空白处单击。

任务 2　在幻灯片中插入图片

在幻灯片中可以插入的图像包括图片、剪贴画、屏幕截图等。操作步骤如下。

❶ 选中要插入图片的幻灯片。

❷ 在"插入"选项卡的"图像"组中，单击"图片"按钮。或者在占位符中单击"插入来自文件的图片"按钮。

❸ 在弹出的"插入图片"窗口中选择一张图片，单击"插入"按钮。图片被插入到幻灯片中，同时显示"图片工具"选项卡的"格式"子选项卡，在其中可以调整图片的亮度和对比度、添加艺术效果、修改图片样式、旋转和裁剪等。

如果在"插入"选项卡的"图像"组中单击"相册"按钮，则可以创建一个"相册"演示文稿，并将加入的第一张图片做成其中一张幻灯片。

任务 3　在幻灯片中添加艺术字

使用艺术字为演示文稿添加特殊文字效果。例如，可以拉伸标题、对文本进行变形、使文本适应预设形状，或应用渐变填充。相应的艺术字将成为读者可以在文档中移动或放置在幻灯片中的对象，以此添加文字效果或进行强调。读者还可以随时修改艺术字或将其添加到现有艺术字对象的文本中。

在幻灯片中插入艺术字的操作步骤如下。

❶ 选中要插入艺术字的幻灯片。

❷ 在"插入"选项卡的"文本"组中单击"艺术字"按钮，打开如图 5.1 所示的艺术字样式列表。

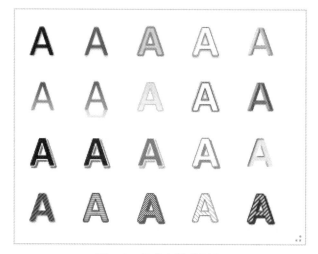

图 5.1　艺术字样式列表

❸ 单击选中一种样式，在幻灯片中插入"请在此放置您的文字"样式。

❹ 输入文字。

将现有文字转换为艺术字的操作步骤如下。

❶ 选定要转换为艺术字的文字。

❷ 在"插入"选项卡的"文本"组中单击"艺术字"，然后单击所需的艺术字。

删除艺术字样式的操作步骤如下。

❶ 选定要删除艺术字样式的艺术字。

❷ 在"绘图工具"选项卡的"格式"子选项卡"艺术字样式"组中，单击"快速样式"按钮或"其他"按钮，然后单击"清除艺术字"，如图 5.2 所示。

删除文字的艺术字样式后，文字会保留下来，改为普通文字。

任务 4　在幻灯片中添加形状

可以在幻灯片中添加一个形状，或者合并多个形状以生成一个绘图或一个更为复杂的形状。可用的形状包括：线条、基本几何图形、箭头、公式、流程图、星、旗帜和标注。添加一个或多个形状后，还可以在其中添加文字、项目符号、编号和快速样式。

图 5.2　清除艺术字

在幻灯片中添加形状的操作步骤如下。

❶ 在"开始"选项卡的"绘图"组中单击"形状"按钮。

❷ 如图 5.3 所示,在下拉列表中单击所需形状,接着单击幻灯片中的任意位置,然后拖动以放置形状。

图 5.3　"形状"按钮下拉列表

若要创建规范的正方形或圆形(或限制其他形状的尺寸),则在拖动的同时按住 Shift 键。

若要添加多个相同的形状，则在"形状"下拉列表中用鼠标右键单击要添加的形状，然后单击"锁定绘图模式"。添加完成后，按 Esc 键。

任务 5　在幻灯片中插入表格

在幻灯片中插入表格的操作步骤如下。

❶ 选中要插入表格的幻灯片。

❷ 在"插入"选项卡的"表格"组中单击"表格"按钮。如图 5.4(a)所示，移动鼠标，选择所需要的行、列数后，单击鼠标。

也可以在单击"表格"按钮后，再选择"插入表格"命令，如图 5.3(b)所示；或者在占位符中单击"插入表格"按钮，打开"插入表格"对话框，如图 5.3(c)所示；选择所需的行列数，单击"确定"按钮。

(a) 移动鼠标选择行列数　　　(b) "插入表格"命令　　　(c) "插入表格"对话框

图 5.4　插入表格

在幻灯片中插入 Excel 电子表格的操作步骤如下。

❶ 选择要在其中插入 Excel 电子表格的幻灯片。

❷ 在"插入"选项卡上的"表格"组中单击"表格"，然后单击"Excel 电子表格"。

在向演示文稿中添加表格后，可以使用 PowerPoint 中的"表格工具"选项卡来设置表格的格式、样式或者对表格做其他的更改。

任务 6　幻灯片背景设置

背景样式是 PowerPoint 独有的样式，它们使用新的主题颜色模式，新的模型定义了将用于文本和背景的 2 种深色和 2 种浅色。

要选择背景样式，则在"设计"选项卡的"变体"组中单击"其他"按钮，在下拉菜单中指向"背景样式"，在背景样式库中选择一种样式即可，如图 5.5 所示。

要设置背景格式，则单击"设置背景格式"，打开"设置背景格式"窗格，如图 5.6 所示。在"设计"选项卡的"自定义"组中单击"设置背景格式"按钮也可以打开此窗格。在此进行设置即可。

图 5.5　背景样式库

图 5.6　"设置背景格式"窗格

实验二　格式化幻灯片

【实验目的】

(1) 掌握在幻灯片中插入 SmartArt 图形的方法，能熟练应用"SmartArt 工具"选项卡设置 SmartArt 图形。

(2) 掌握应用样式设置文本框样式的技巧，能熟练应用"绘图工具"选项卡设置对象的格式。

(3) 掌握在幻灯片中插入视频的方法，能熟练应用"视频工具"选项卡设置视频对象。

任务　格式化图 5.7 所示幻灯片中的文本框、图片、影片等对象

图 5.7　示例幻灯片

❶ 选中示例幻灯片中编号为 1 的文本框。

❷ 在"开始"选项卡的"段落"组中，单击"转换为 SmartArt 图形"按钮，在其列表中选择一个 SmartArt 图形样式，如"垂直项目符号列表"。

所选文本框转换为 SmartArt 图形，同时系统显示"SmartArt 工具"选项卡。

❸ 在"SmartArt 工具"选项卡"设计"子选项卡的"SmartArt 样式"组中单击"其他"按钮，在列表中选择"嵌入"三维样式，如图 5.8 所示。

图 5.8　SmartArt 样式

❹ 选中示例幻灯片中编号为 2 的另一个文本框。

❺ 在"绘图工具"选项卡"格式"子选项卡的"形状样式"组中单击"其他"按钮，在其列表中选择一个形状样式，如"细微效果 – 蓝色，强调颜色 1"，如图 5.9 所示

或者，使用"形状填充"、"形状轮廓"、"形状效果"等按钮进行设置。

图 5.9　形状样式

❻ 选中示例幻灯片中编号为 3 的图形对象。

❼ 在"绘图工具"选项卡"格式"子选项卡的"形状样式"组中单击"形状填充"按钮，指向"纹理"，选择"胡桃"。

单击"形状轮廓"按钮，在"主题颜色"列表中选择"蓝色"。

❽ 选中示例幻灯片中编号为 4 的影片对象。

❾ 依次单击"视频工具"选项卡、"格式"子选项卡、"视频样式"组，弹出如图 5.10 所示菜单。单击"视频效果"按钮，指向"发光"，选择一个发光变体，如"发光：8 磅；蓝色，主题色 1"。

(a)　"视频效果"菜单　　　　　　　(b)　"发光"子菜单

图 5.10　"视频效果"菜单

⓾ 在"视频工具"选项卡的"播放"子选项卡"视频选项"组中，选中"全屏播放"复选框。或者进行其他设置。

图 5.7 所示是格式化后的效果。

实验三　设计个性化的母版

【实验目的】

(1) 理解幻灯片母版的概念。

(2) 掌握应用"母版视图"工具组设计母版的技巧。

(3) 掌握幻灯片中占位符的意义和作用。

任务　设计一个具有鲜明个性的母版

事先准备好用于设计母版所需的对象，如图片、徽标等。

❶ 启动 PowerPoint，或依次单击"文件"选项卡、"新建"命令，双击"空白演示文稿"创建"演示文稿 1"窗口。

❷ 在"视图"选项卡的"母版视图"组中，单击"幻灯片母版"按钮。这时，出现"幻灯片母版"选项卡，一组"幻灯片母版"的版式缩略图显示在左侧的"幻灯片窗格"中，如图5.11 所示。

图 5.11　幻灯片母版

❸ 在标题幻灯片上绘制一个矩形。

在"幻灯片"选项卡上单击标题幻灯片版式缩略图。

单击"插入"选项卡"插图"组中的"形状"按钮，选择"矩形"，在演示文稿的幻灯片上绘制一个矩形，用默认填充色。在"绘图工具"选项卡"格式"子选项卡的"大小"组中将矩形大小修改为 3.2 cm×25.4 cm；在"排列"组中单击"下移一层"按钮右半部分，选择"置于底层"，将该矩形置于其他对象的底层。

❹ 设置矩形格式。在"绘图工具"选项卡"格式"子选项卡的"形状样式"组中，单击"其他"按钮，在其列表中选择一种填充色。

或者，在"形状样式"组中单击"形状填充"按钮，弹出如图 5.12(a)所示的菜单。

(a)　"形状填充"菜单　　　(b)　"渐变"子菜单　　　(c)　"纹理"子菜单

图 5.12　　"形状填充"菜单

◆ 可在"主题颜色"列表中另选一种主题色。

◆ 若单击"无填充"，则清除形状中的默认填充色。

◆ 若单击"其他填充颜色"，则打开"颜色"对话框。在其中可选择其他标准色或自定义颜色。

◆ 若光标指向"渐变"，则显示"渐变"子菜单，如图 5.12(b)所示。可在其列表中选择一种"浅色变体"或"深色变体"。

◆ 若光标指向"纹理"，则显示"纹理"子菜单，如图 5.12(c)所示。可在其列表中选择一种纹理。

◆ 若在图 5.12(a)所示中单击"图片"命令，则打开"插入图片"面板，如图 5.13 所示。在该面板中单击"浏览"，打开"插入图片"窗口，在左窗格选择保存有图片的文件夹(如 CH05)，在"内容"窗格中单击图片文件，再单击"插入"按钮。

本任务将所选图片填充到形状中。

◆ 若单击图 5.12 (b)所示中的"其他渐变"命令或图 5.12 (c)所示中的"其他纹理"命令，则打开"设置图片格式"窗格，如图 5.14 所示。在该窗格"形状选项"下单击"填充与线条"按钮 ◇，再单击"填充"，在其列表中选择"无填充"项，将清除形状中的填充颜色；选择"纯色填充"项，单击"填充颜色"按钮 🎨▾，可在列表中另选一种主题色，还可设置填充色的透明度；选择"渐变填充"项，可设置精美的渐变效果；选择"图片或纹理填充"项，或插入来自文件的图片(本任务中将图片的透明度设置为30%)、联机图片、屏幕截图等，单击"纹理"按钮 ，可在其列表中选择一种纹理效果；选择"图案填充"项，可在其列表中选择一种图案，还可在"前景色""背景色"列表中为图案选择颜色；选择"幻灯片背景填充"项，可将当前幻灯片背景填充到形状中。

图 5.13 "插入图片"面板

在该窗格的"填充"栏下，选择除"图片或纹理填充"以外的项，该窗格名称将变为"设置形状格式"。

◆ 在图 5.14 所示中单击"线条"，再在其列表中单击"渐变线"单选钮，将矩形框的颜色设置为透明度为20%的渐变色。另外，还可设置线型、阴影等。

◆ 在图 5.14 所示中，依次单击"大小与属性"按钮、"位置"，在"位置"列表中设置该图形在幻灯片上的位置(水平位置：0 厘米，垂直位置：3 厘米)。

❺ 修改标题幻灯片上的母版标题样式占位符、副标题样式占位符。

在标题幻灯片上，选中母版标题样式占位符。在"开始"选项卡的"字体"组中，单击"字体"下拉列表，选择"华文中宋"字体；单击"字号"下拉列表，选择"44"磅。在"绘图工具"选项卡"格式"子选项卡的"大小"组中，将其大小设置为 3.2 cm×21 cm。单击"大小"组右下角的"对话框启动器"，打开"设置形状格式"窗格，单击"位置"，将其水平位置设为 3.4 cm、垂直位置设为 3 cm。

用同样的方法将母版副标题样式占位符的字体设置为楷体、加粗，字号设置为 32 磅，大小设置为 9.5 cm×

图 5.14 "设置图片格式"对话框

18.5 cm，设置水平位置为 5.8 cm、垂直位置为 7 cm。

❻ 在标题幻灯片上插入图片和个性化徽章(公司 LOGO)。

单击母版幻灯片任意空白处，在"插入"选项卡的"图像"组中单击"图片"按钮，打开"插入图片"窗口，将事先准备好的图片插入标题母版幻灯片中。用步骤❺的方法调整图片的大小、设置其位置(水平位置：22.3 cm，垂直位置：15.7 cm)。

用同样的方法，插入事先准备好的个性化徽章(大小为 2.2cm×2.2cm)，并将定位于水平位置 0.8 cm、垂直位置 3.55 cm。

❼ 在"插入"选项卡的"文本"组中，单击"文本框"下拉箭头，选择"竖排文本框"，在标题幻灯片上画出一文本框，并输入"本章目录"。单击"绘图工具"选项卡"大小"组右下的"对话框启动器"，打开"设置形状格式"窗格，选择"位置"选项，将该文本框定位于水平 1.9 cm、垂直 8.9 cm。

修改完成的标题幻灯片如图 5.15 所示。

图 5.15　修改后的标题母版示例

❽ 修改幻灯片母版。在"幻灯片窗格"中单击幻灯片母版缩略图。按照步骤❹~步骤❻绘制图形、修改母版标题占位符、母版文本占位符。

❾ 修改幻灯片母版上的项目符号。选中"母版文本样式"占位符，在"开始"选项卡的"段落"组中单击"项目符号"或"编号"下拉箭头，选择"项目符号和编号"命令，打开"项目符号和编号"对话框，依次单击"项目符号"选项卡、"自定义"按钮，打开"符号"对话框，如图 5.16 所示。在"字体"下拉列表中选中"Wingdings 2"，在其列表中选中"◈"型符号，单击"确定"按钮，返回到"项目符号和编号"对话框，再单击"确定"按钮，完成项目符号的修改。

修改完成的幻灯片母版如图 5.17 所示。

图 5.16 "符号"对话框

图 5.17 修改后的幻灯片母版示例

⑩ 在"幻灯片母版"选项卡的"编辑母版"组中单击"保留"按钮,使其在未被使用的情况下也能留在演示文稿中。这时,幻灯片窗格上的幻灯片母版左侧出现了一个灰色的图钉。

⑪ 在"幻灯片母版"选项卡的"关闭"组中单击"关闭母版视图"按钮,返回到演示文稿窗口,显示一张标题幻灯片。

⑫ 在"开始"选项卡的"幻灯片"组中,单击"新建幻灯片"下拉箭头,选择"标题和内容",即插入一张新幻灯片。在"幻灯片窗格"中的"幻灯片"选项卡上显示所有幻灯片的缩略图。

⑬ 若改变当前幻灯片的版式,则在"开始"选项卡的"幻灯片"组中单击"版式"按钮,

选择所需的版式。

⓮ 依次单击"文件"选项卡、"另存为"命令、"浏览"选项,将此演示文稿以"实验三.pptx"为文件名保存。

实验四　创建自定义动画

【实验目的】

(1) 理解动画的概念。

(2) 理解动作路径动画。

(3) 掌握使用系统中的动作路径创建自定义动画的方法。

(4) 掌握为自定义动画选择运行方式、时间长度、调整播放次序的方法。

任务 1　创建自定义动画效果

使用系统中的动作路径创建自定义动画效果。

❶ 选定要制作成动画的对象。

❷ 在"动画"选项卡的"动画"组中单击"其他"按钮,弹出"动画"库,如图 5.18 所示。

❸ 在"动画"库中,单击"其他动作路径"命令,打开"更改动作路径"对话框,如图 5.19 所示。

图 5.18　"动画"库

图 5.19　"更改动作路径"对话框

❹ 在"基本"栏下选择"泪滴形"样式,单击"确定"按钮,如图 5.20(a)所示。

❺ 所有动画在同一位置时,会影响动画效果。可选中动画路径并按住鼠标左键不放,拖动至其他合适位置,如图 5.20(b)所示。

(a) 多个动画在同一位置　　　　　　　(b) 多个动画分散在合适位置

图 5.20　自定义动作路径示例

任务 2　为自定义动画选择运行方式、时间长度，调整播放次序

为任务 1 中动作路径选择运行方式、时间长度，调整播放次序。

❶ 在幻灯片中选择第 2 个"泪滴形"动作路径。

❷ 在"动画"选项卡的"计时"组中单击"开始"右侧的下拉箭头，在下拉列表中选择动画播放顺序，如"上一动画之后"选项，如图 5.21 所示。

图 5.21　设置动画的运行方式

❸ 单击"动画"选项卡"动画"组右下角的"对话框启动器"，打开"泪滴形"对话框，如图 5.22 所示。

图 5.22　"泪滴形"对话框

❹ 在该对话框中单击"计时"选项卡，在"期间"下拉列表中选择运行时间长度(如"慢速(3 秒)")，单击"确定"按钮。

❺ 先在图 5.20 所示的幻灯片中选择"自定义动画技巧"文本对象，再在"动画"选项卡"动画"组中单击"飞入"样式。这时，该对象的动画次序号为"5"(这需要调整)。

❻ 在"动画"选项卡的"计时"组中单击"向前移动"按钮。单击一次，向前移动一个序号(本任务中，需要单击 4 次，将其序号变为"1")。

❼ 如有必要，重复前述步骤，直到自己满意为止。

实验五　将演示文稿打包

【实验目的】

(1) 理解将演示文稿打包成 CD 的含义。

(2) 掌握将演示文稿打包成 CD 的操作方法。

(3) 理解"复制到文件夹"与"复制到 CD"的区别。

任务　以实验三.PPTX 为例将演示文稿打包

以"实验三.PPTX"为例，将演示文稿打包。读者制作的任何演示文稿都可以用于完成该任务。

❶ 打开演示文稿"实验三.PPTX"。

❷ 依次单击"文件"选项卡、"导出"命令。在窗口中间的"导出"栏下单击"将演示文稿打包成 CD"命令，在窗口右侧单击"打包成 CD"按钮，如图 5.23 所示。

图 5.23　"将演示文稿打包成 CD"窗口

❸ 打开图 5.24 所示的"打包成 CD"对话框，在"CD 命名为"框中输入名称(如"实验三")。

图 5.24　"打包成 CD"对话框

❹ 单击"复制到文件夹"按钮，打开图 5.25 所示的"复制到文件夹"对话框，在"位置"框中输入复制路径，单击"确定"按钮。

图 5.25　"复制到文件夹"对话框

❺ 系统将打开一个对话框，提示用户打包演示文稿的所有链接文件，单击"是"按钮开

始复制，并打开"正在将文件复制到文件夹"的提示框。

❻ 复制完成后，自动打开文稿保存位置的窗口。操作完成后，在"打包成 CD"对话框中单击"关闭"按钮，关闭对话框。

❼ 在另外一台没有安装 PowerPoint 的计算机上使用刚刚完成的打包程序。

5.2 案例分析

例 5.1 在正文文本占位符中键入文本时，突然看到这个小按钮 ⊞，它是_____按钮。

A) 粘贴选项　　　　B) 自动调整选项　　　C) 自动更正选项　　　D) 文本框选项

答：B。

知识点：文本输入、占位符、自动调整。

分析：这是"自动调整选项"按钮，它表示文本将缩小以放入占位符中。用户可以使用该按钮的菜单执行下列操作：停止占位符的自动调整、将文本拆分到两张幻灯片上、在新幻灯片上继续操作或者更改为两栏版式。用户可以根据需要关闭该功能。

例 5.2 在 PowerPoint 幻灯片浏览视图中，以下有关叙述不正确的是_____。

A) 按序号由小到大的顺序显示文稿中全部幻灯片的缩图

B) 可以对其中某张幻灯片的整体进行复制、移动等操作

C) 可以对其中某张幻灯片的整体进行删除等操作

D) 可以对其中某张幻灯片的内容进行编辑和修改

答：D。

知识点：幻灯片视图、幻灯片浏览视图、幻灯片的复制、幻灯片的移动、幻灯片的删除。

分析：在 PowerPoint 幻灯片浏览视图中，不可以对其中某张幻灯片的内容进行编辑和修改。

例 5.3 为了将幻灯片中选中的图形"置于底层"命令，此时最快捷的操作是_____。

A) 单击鼠标右键　　　　　　　B) 单击鼠标左键

C) 单击"视图"选项卡　　　　　D) 单击"绘图工具"选项卡

答：A。

知识点：图形排列、快捷菜单、绘图工具。

分析：如果在幻灯片中插入了多个图形对象，它们可能会互相覆盖，此时应调整各图形对象在幻灯片中的相应位置，此时需要单击鼠标右键，在调出的快捷菜单中选择"置于底层"命令。另一种操作方法：选中图形后，会出现"绘图工具"选项卡的"格式"子选项卡，在"排列"组中单击"下移一层"右侧的下拉箭头，在下拉菜单中可选择"置于底层"命令。但这不是最快捷的。

例 5.4 在工作时，用户可以在备注窗格中键入演讲者备注并设置其格式。_____是转到"备注页"视图的适当原因。

A) 打印备注　　　　　　　　　B) 确保备注按期望显示

C) 单击备注窗格　　　　　　　D) 调整备注窗格，增加可用空间

答：B。

知识点：备注页视图、幻灯片放映视图、编辑备注、添加演讲者信息。

分析："备注页"视图显示所有文本格式(如字体颜色)以及备注文本是否适应占位符。如果备注太长，则会截断备注。用户可以根据需要在"备注页"视图中编辑备注，该视图只显示了有多少可用空间。

例 5.5　在"幻灯片放映"视图中，通过_____可以返回到上一张幻灯片。

A) 按 Backspace 键 　　　　　　　B) 按 Page Up 键

C) 按向上键 　　　　　　　　　　D) 以上全对

答：D。

知识点：幻灯片放映、快捷键操作。

分析：如果需要转到的幻灯片并不是紧邻当前幻灯片的前一张幻灯片，则应指向屏幕左下角的"幻灯片放映"工具栏，然后单击幻灯片图标。在它的菜单上，指向"定位至幻灯片"，然后选择所需的幻灯片。

例 5.6　应用主题时，它始终影响演示文稿中的每一张幻灯片。这个说法正确吗？

答：不正确。

知识点：添加主题、更改幻灯片版式。

分析：如果需要将主题仅应用于一张或几张幻灯片，则应选择这些幻灯片，然后显示主题库，用右键单击所需的主题，最后单击"应用于选定幻灯片"。

例 5.7　能否从某些幻灯片版式中的图标中插入文本框？

答：不能。

知识点：绘制文本框、插入图片和内容。

分析：通过使用内容版式中的图标，可以插入图片、图表、SmartArt 图形、表格和媒体文件。但是，若要插入文本框，则应转至"插入"选项卡。在该选项卡中，先单击"文本框"，然后在幻灯片上绘制一个框。

5.3　强化训练

一、选择题

1. 在演示文稿插入新幻灯片的方法正确的是_____。

A) 在"插入"选项卡的"图像"组中单击"屏幕截图"

B) 在"开始"选项卡的"幻灯片"组中单击"新建幻灯片"旁边的箭头

C) 单击"插入"选项卡的"添加新幻灯片"

D) 在"开始"选项卡的"幻灯片"组中单击"版式"旁边的箭头

2. 在 PowerPoint 的幻灯片浏览视图下，不能完成的操作是_____。

A) 调整个别幻灯片位置 　　　　　B) 删除个别幻灯片

C) 编辑个别幻灯片内容 　　　　　D) 复制个别幻灯片

3. PowerPoint 主题所包含的三个关键元素是_____。

A) 一组特殊颜色；在任何颜色下都非常漂亮的字体；阴影

B) 彩色纹理；在大型屏幕上易于辨认的字体；阴影和映像

C) 颜色；字体；效果，例如阴影、发光、棱台、映像、三维等

D) 在任何颜色下都非常漂亮的字体；彩色纹理；配色方案

4. 在幻灯片上调整图片大小和定位图片时，进行_____操作非常重要。

A) 将图片大小随意调整

B) 保持纵横比，让相对高度和宽度始终保持一致

C) 使用四向箭头调整图片大小和移动图片

D) 设置图片边框

5. 在 PowerPoint 中，设置幻灯片放映时的切换效果为"随机线条"，应使用"切换"选项卡_____组中的选项。

A)"动作按钮"   B)"切换到此幻灯片"

C)"预设动画"   D)"自定义动画"

6. 在设置嵌入幻灯片中的视频的格式(添加边框、重新着色、调整亮度和对比度、指定开始播放视频的方式等)时，应该_____。

A) 单击幻灯片上的视频，然后在"格式"和"播放"选项卡上指定"视频样式"选项

B) 添加 PowerPoint 主题

C) 应用特殊效果，然后发布演示文稿

D) 以上操作方法都正确

7. 演示者视图是指_____。

A) 可以在便携式计算机上查看备注

B) 观众只能看到您的幻灯片，而看不到演示者备注

C) 该视图需要有多个监视器，或者一台投影仪或具有双显示功能的便携式计算机

D) 以上说法都正确

8. 在 PowerPoint 中，若要为幻灯片中的对象设置放映时的动画效果为"飞入"，应在_____中选择。

A)"动画"选项卡的"计时"组   B)"开始"选项卡的"幻灯片"组

C)"动画"选项卡的"动画"组   D)"幻灯片放映"选项卡的"设置"组

9. 若要在幻灯片放映视图中结束幻灯片放映，应执行的操作是_____。

A) 按键盘上的 Esc 键

B) 单击右键并选择"结束放映"

C) 继续按键盘上的向右键，直至放映结束

D) 以上说法都正确

10. 在打印演示文稿之前，通过_____访问打印预览。

A) 在"开始"选项卡上单击"打印预览"

B) 在"文件"选项卡上单击"打印"。"打印预览"显示在右侧

C) 在"文件"选项卡上单击"打印"。"打印预览"显示在"设置"下

D) 在"视图"选项卡上单击"打印预览"

11. 如果要关闭幻灯片，但不想退出 PowerPoint 程序窗口，可以_____。

A) 选择"文件"选项卡的"关闭"命令

B) 选择"文件"选项卡的"退出"命令

C) 单击 PowerPoint 标题栏上的"关闭"按钮

D) 双击窗口左上角的程序图标

12. 在 PowerPoint 中，在磁盘上保存的幻灯片文件的后缀是_____。

A) .potx   B) .pptx   C) .psp   D) .pps

13. 在 PowerPoint 中，将幻灯片打包为可播放文件后其后缀是_____。

A) .ppt   B) .ppz   C) .psp   D) .pps

14. 在 PowerPoint 中，可对母版进行编辑和修改的视图是_____。

A) 幻灯片浏览   B) 备注页

C) 母版视图   D) 大纲视图

15. 在 PowerPoint 中，"文件"选项卡中的"打开"命令的快捷键是_____。

A) Ctrl+P   B) Ctrl+O   C) Ctrl+S   D) Ctrl+N

16. 在 PowerPoint 的幻灯片浏览视图中，想选定多张不连续的幻灯片时，要按住_____键。

A) Delete   B) Ctrl   C) Shift   D) Esc

17. 在 PowerPoint 中，不能在"字体"窗口中进行设置的是_____。

A) 文字颜色   B) 文字对齐格式   C) 文字字号   D) 文字字形

18. 在 PowerPoint 的"切换"选项卡中，允许的设置是_____。

A) 设置幻灯片切换时的视觉效果、听觉效果和定时效果

B) 只能设置幻灯片切换时的听觉效果

C) 只能设置幻灯片切换时的视觉效果

D) 只能设置幻灯片切换时的定时效果

19. 在幻灯片放映过程中，通过_____不可以回到上一张幻灯片。

A) 按 P 键   B) 按 PageUp 键   C) 按 Backspace 键   D) 按 Space 键

20. 在 PowerPoint 中打印文件，以下不是必要条件的是_____。

A) 连接打印机

B) 对被打印的文件进行打印前的幻灯片放映

C) 安装打印驱动程序

D) 进行打印设置

21. 在 PowerPoint 中，不能实现的功能为_____。

A) 设置对象出现的先后次序

B) 使两张幻灯片同时放映

C) 设置声音的循环播放

D) 设置同一文本框中不同段落的相互次序

22. 在 PowerPoint 中，若要设置幻灯片切换时采用特殊效果，可以通过_____来实现。

A)　"插入"选项卡中的相应按钮

B)　"视图"选项卡中的相应按钮

C)　"幻灯片放映"选项卡中的相应按钮

D)　"切换"选项卡中的相应按钮

23. 下列说法正确的是_____

A)　在幻灯片中插入的声音用一个小喇叭图标表示

B)　在 PowerPoint 中，可以录制声音

C)　在幻灯片中可以插入影片或声音

D)　以上 3 种说法都正确

24. 在 PowerPoint 中，如果要对多张幻灯片进行同样的外观修改，则_____。

A)　必须对每张幻灯片进行修改　　　　B)　只需在幻灯片母版上进行一次修改

C)　只需更改标题母版的版式　　　　　D)　没法修改，只能重新制作

25. 在 PowerPoint 中，为当前幻灯片的标题文本占位符添加边框线，首先要_____。

A)　使用"颜色和线条"命令　　　　　B)　切换至标题母版

C)　选中标题文本占位符　　　　　　　D)　切换至幻灯片母版

26. 要进行幻灯片页面设置、主题选择，可以在_____选项卡中操作。

A)"视图"　　　　B)"插入"　　　　C)"设计"　　　　D)"开始"

27. 要对幻灯片母版进行设计和修改时，应在_____选项卡中操作。

A)"设计"　　　　B)"审阅"　　　　C)"插入"　　　　D)"视图"

28. 从当前幻灯片开始放映幻灯片的快捷键是_____。

A) Shift + F5　　　B) Shift + F4　　　C) Shift + F3　　　D) Shift + F2

29. 从第一张幻灯片开始放映幻灯片的快捷键是_____。

A) F2　　　　　　B) F3　　　　　　C) F4　　　　　　D) F5

30. 要设置幻灯片中对象的动画效果以及动画的出现方式时，应在_____选项卡中操作。

A)"切换"　　　　B)"动画"　　　　C)"设计"　　　　D)"审阅"

31. 要设置幻灯片的切换效果以及切换方式时，应在_____选项卡中操作。

A)"切换"　　　　B)"设计"　　　　C)"开始"　　　　D)"动画"

32. 要对幻灯片进行保存、打开、新建、打印等操作时，应在_____选项卡中操作。

A)"文件"　　　　B)"开始"　　　　C)"设计"　　　　D)"审阅"

33. 要在幻灯片中插入表格、图片、艺术字、视频、音频等元素时，应在_____选项卡中操作。

A)"文件"　　　　B)"开始"　　　　C)"插入"　　　　D)"设计"

34. 要让 PowerPoint 2016 制作的演示文稿在 PowerPoint 2003 中放映，必须将演示文稿的保存类型设置为_____。

A) PowerPoint 演示文稿　　　　　　B) PowerPoint 97-2003 演示文稿

C) XPS 文档　　　　　　　　　　　D) Windows Media 视频

35. 希望对齐幻灯片上的标题和图片，以便标题紧挨着图片下方居中对齐。在选择了该图片和标题后，在功能区上单击"图片工具"选项卡的"图片格式"子选项卡。现在，在_____

可以找到相应的命令来进行所需的调整。

A) "调整"组中的"更改图片"按钮

B) "排列"组中的"旋转"按钮

C) "排列"组中的"对齐"按钮

D) "图片样式"组中的"图片版式"按钮

二、填空题

1. PowerPoint 的视图方式有_____、_____、_____、_____和备注页视图 5 种。

2. 在 PowerPoint 的普通视图和_____视图模式下，可以改变幻灯片的顺序。

3. 在 PowerPoint 窗口中，用于添加幻灯片内容的主要区域是窗口中间的_____。

4. 在 PowerPoint 工作界面中，_____窗格用于显示幻灯片的序号或选用的幻灯片设计模板等当前幻灯片的有关信息。

5. 添加新幻灯片时，首先应在"开始"选项卡上，单击"_____"按钮的下半部分选择它的版式。

6. 快速将幻灯片的当前版式替换为其他版式的方式是，右键单击要替换其版式的幻灯片，然后指向"_____"。

7. 经过_____后的 PowerPoint 演示文稿，在任何一台安装 Windows 操作系统的计算机上都可以正常放映。

8. 在 PowerPoint 中，要删除演示文稿中的一张幻灯片，可以利用鼠标单击要删除的幻灯片，再按下_____键。

9. 如果想让公司的标志以相同的位置出现在每张幻灯片上，不必在每张幻灯片上重复插入该标志，只需简单地将其放在幻灯片的_____上，该标志就会自动地出现在每张幻灯片上。

10. 在 PowerPoint 中，如果要在幻灯片浏览视图中选定若干张编号不连续的幻灯片，那么应先按住_____键，再分别单击各幻灯片。

11. 在 PowerPoint 中，模板是一种特殊的文件，其文件扩展名是_____。

12. 在 PowerPoint 中，单击"文件"选项卡，选择_____命令，可退出 PowerPoint 程序。

13. 在 PowerPoint 中，若想向幻灯片中插入影片，应选择"_____"选项卡。

14. 要在 PowerPoint 中设置幻灯片动画，应在"_____"选项卡中进行操作。

15. 要在 PowerPoint 中显示标尺、网络线、参考线，以及对幻灯片母版进行修改，应在"_____"选项卡中进行操作。

16. 在 PowerPoint 中要用到拼写检查、语言翻译、中文简繁体转换等功能时，应在"_____"选项卡中进行操作。

17. 在 PowerPoint 中对幻灯片进行页面设置时，应在"_____"选项卡中操作。

18. 要在 PowerPoint 中设置幻灯片的切换效果以及切换方式，应在"_____"选项卡中进行操作。

19. 在 PowerPoint 中对幻灯片进行另存、新建、打印等操作时，应在"_____"选项卡中进行操作。

20. 在 PowerPoint 中对幻灯片放映条件进行设置时，应在"_____"选项卡中进行操作。

三、操作题

1. 让大纲窗格自动隐藏。

2. 重用其他演示文稿幻灯片。

3. 让幻灯片随窗口大小自动调整显示比例。

4. 使幻灯片内容更安全。

5. 让演示文稿自动保存。

6. 对图形设置了格式后，发现效果不好。现在要求只更改形状而保留格式。

7. 设置幻灯片中的网格大小。

8. 让声音跨幻灯片播放。

9. 只播放音频中需要的片段。

10. 在幻灯片中添加了音频和视频文件后，将其压缩成媒体文件。

11. 将自己的模板设置成默认模板。

12. 用最简单的方法将一张幻灯片的配色方案应用到其他幻灯片。

13. 使用母版添加统一的图片。

14. 自定义新版式。

15. 自定义背景颜色。

16. 使用声音突出超链接。

17. 让超链接文本颜色不发生改变。

18. 让链接图片显示文字提示。

19. 删除超链接。

20. 让对象播放动画后隐藏。

21. 取消 PPT 放映结束时的黑屏片。

22. 在打印时不显示标题幻灯片编号。

23. 在一张 A4 的纸张中编排多张幻灯片。

24. 在播放时保持字体不变。

25. 让观众自由引导幻灯片放映。

26. 幻灯片的建立和编辑。

(1) 幻灯片的创建。创建包含 10 张左右幻灯片的"自我介绍+节日贺卡"PPT 文件，并以"学号后三位数+姓名简历.pptx"为文件名保存在相应文件夹中。例如，将名为"603 张 XXX 简历.pptx"的文件存放在"603 张 XXX"的文件夹中。

个人简历包含如下内容，每项内容 1～2 张幻灯片。

◆ 姓名、性别、年龄，并粘贴个人照片。

◆ 个人兴趣、爱好。

◆ 学习经历(或母校介绍等) 。

◆ 家乡简介。

◆ 个人理想或大学校园生活介绍(贴图) 。

◆ 最后制作 1～2 张节日祝福贺卡。

◆ 结束语。

◆ 致谢。

(2) 幻灯片的编辑。

(3) 幻灯片的格式化。

27. 对题 26 中制作的幻灯片进行放映设置。

(1) 设置动画效果。

(2) 设置动作按钮。

(3) 插入声音。

(4) 设置幻灯片的放映方式。

(5) 设置幻灯片切换效果。可以给每张幻灯片设置一种切换效果，也可以给所有幻灯片设置同一种切换效果。

(6) 排练计时。设置幻灯片的自动播放效果。练习过程中需要反复排练几次，直至达到满意的播放效果为止。

5.4 参考答案

一、选择题

　　1～5. BCCBB　　6～10. ABCDB　　11～15. ABDCB　　16～20. BBDDB
　　21～25. BDDBC　　26～30. CDADB　　31～35. AACBC

二、填空题

1. 普通视图、幻灯片浏览视图、幻灯片放映视图、阅读视图、母版视图

2. 幻灯片浏览　　3. 幻灯片窗格　　4. 幻灯片/大纲　　5. 新建幻灯片

6. 版式　　7. 打包　　8. Delete　　9. 母版

10. Ctrl　　11. dotx　　12. 退出　　13. 插入

14. 动画　　15. 视图　　16. 审阅　　17. 设计

18. 切换　　19. 文件　　20. 幻灯片放映

三、操作题

1. 当用户需要用固定模式浏览幻灯片时，就可以将常用的工作视图设置为默认视图。如让大纲窗格自动隐藏，其操作步骤如下。

❶ 依次单击"文件"选项卡、"选项"命令。

❷ 打开"PowerPoint 选项"对话框，在左窗格单击"高级"选项，在右窗格"显示"组中选择"用此视图打开全部文档"为"普通-备注和幻灯片"选项。

❸ 单击"确定"按钮。

2. 在浏览其他演示文稿时，常会发现内容和格式都很好的幻灯片，这可以用到自己的幻灯片中。其操作步骤如下。

❶ 在"开始"选项卡的"幻灯片"组中单击"新建幻灯片"按钮的下拉箭头，在下拉菜单中选择"重用幻灯片"命令。

❷ 打开"重用幻灯片"窗格，单击"浏览"按钮。如果重用幻灯片库中已有内容和格式都很好的幻灯片，那么在"重用幻灯片"窗格中单击"从以下源插入幻灯片"框右侧的按钮➡，就会显示可重用的幻灯片。

❸ 打开"浏览"窗口，选择存放演示文稿的路径，选中需要插入的演示文稿，单击"打开"按钮。

❹ 将演示文稿中的幻灯片全部导入"重用幻灯片"窗格中，单击幻灯片即可插入所做的演示文稿中。

❺ 在插入幻灯片时，如果需要插入时保留格式，单击选中"保留源格式"复选框，单击需要插入的幻灯片。

3. 让幻灯片随窗口大小自动调整显示比例的操作步骤如下。

在幻灯片窗口，单击"绽放"右侧的"按当前窗口调整幻灯片大小"按钮 🔛。

4. 对于重要的或者不想让他人看到的幻灯片，可以设置密码保护，以提高演示文稿的安全性。其操作步骤如下。

❶ 依次单击"文件"选项卡、"信息"命令、"保护演示文稿"按钮。

❷ 在弹出的列表中选择"用密码进行加密"命令。

❸ 打开"加密文档"对话框，在密码框中输入密码，单击"确定"按钮。

❹ 打开"确认密码"对话框，在"重新输入密码"框中输入密码，单击"确定"按钮。

5. 在编辑演示文稿的过程中，有可能发生死机或断电等意外情况，导致正在编辑的内容丢失，但设置自动保存，让 PowerPoint 每隔一段时间就保存一次。其操作步骤如下。

❶ 依次单击"文件"选项卡、"选项"命令。

❷ 打开"PowerPoint 选项"对话框，在左窗格单击"保存"选项，在右窗格"保存演示文稿"组的"保存自动恢复信息时间间隔"框中输入时间（1～120 的整数）。

❸ 单击"确定"按钮。

6. 对图形设置了格式后，发现效果不好。若要只更改形状而保留格式，则操作步骤如下。

❶ 选择需要更改的形状。

❷ 在"绘图工具"选项卡的"格式"子选项卡的"插入形状"组中单击"编辑形状"按钮。

❸ 在下拉列表中指向"更改形状"命令，在下一级列表中单击选择需要的形状。

7. 利用网格来对齐对象十分方便，显示网格越密，对齐时参考价值就越大。设置幻灯片中的网格大小的操作步骤如下。

❶ 在"视图"选项卡的"显示"组中单击右下角的"对话框启动器"。

❷ 打开"网格线和参考线"对话框，如图 5.26 所示。

❸ 在"网格设置"栏，设置"间距"（如"每厘米 8 个网格""0.125 厘米"）。

❹ 单击"确定"按钮。

8. 如果插入的音频与整个演示文稿相符，那么为了提高效率，可以让声音跨幻灯片播放，而不需要重新插入音频。其操作步骤如下。

❶ 在幻灯片中，选中插入的音频对象。

图 5.26　"网格线和参考线"对话框

❷ 在"音频工具"选项卡的"播放"子选项卡的"音频选项"组中，选中"跨幻灯片播放"复选框。

9. 若只需要播放音频中需要的片段，则可对插入的音频进行裁剪。其操作步骤如下。

❶ 在幻灯片中，选中插入的音频对象。

❷ 在"音频工具"选项卡的"播放"子选项卡的"编辑"组中单击"剪裁音频"按钮。

❸ 打开"剪裁音频"对话框，如图 5.27 所示。在"开始时间"和"结束时间"框中输入音频起始值和终止值。

图 5.27　"剪裁音频"对话框

❹ 单击"确定"按钮。

10. 在幻灯片中添加了音频和视频文件后，将其压缩成媒体文件，以减小音频和视频的大小，提高幻灯片的播放质量。其操作步骤如下。

❶ 依次单击"文件"选项卡、"信息"命令、"压缩媒体"按钮，在下拉列表中选择"全高清""高清"或"标准"命令。

❷ 打开"压缩媒体"对话框，等待压缩进度，压缩完成后单击"关闭"按钮。

11. 若在新建演示文稿时使用自己的模板而不是空白模板，可以按照下列操作步骤将自己的模板设置成默认模板。

❶ 依次单击"文件"选项卡、"另存为"命令、"浏览"项。

❷ 打开"另存为"对话框，在"保存类型"下拉列表中选择"PowerPoint 模板"选项，在"文件名"文本框中输入文件名。

保存为模板文稿后，启动 PowerPoint 时或新建演示文稿时，都直接显示模板文稿的格式。

12. 用最简单的方法将一张幻灯片的配色方案应用到其他幻灯片。其操作步骤如下。

❶ 选择所需的配色方案的幻灯片。

❷ 在"开始"选项卡的"剪贴板"组中，单击"格式刷"按钮。

❸ 将鼠标指针移到需要复制配色方案的幻灯片，当鼠标指针变成带格式刷的样式时，单击鼠标左键。

❹ 将鼠标指针移到需要复制配色的幻灯片，单击鼠标左键。

13. 制作演示文稿时，加上企业的徽标，可以使用母版添加统一的图片。其操作步骤如下。

❶ 在"视图"选项卡的"母版视图"组中，单击"幻灯片母版"按钮，打开"幻灯片母版"选项卡。

❷ 在"幻灯片母版"视图的左窗格中，选择第一张幻灯片版式。

❸ 在"插入"选项卡的"图像"组中单击"图片"按钮。

❹ 打开"插入图片"对话框，选择图片保存路径，选中需要插入的图片，单击"插入"按钮。

❺ 插入图片后，自动切换到"图片工具"选项卡的"格式"子选项卡；若有必要，则在"大小"组中单击"裁剪"按钮，用鼠标拖曳裁剪标记裁剪图片，裁剪完成后，单击幻灯片编辑区域任意位置，退出裁剪状态；若有必要，则在"大小"组中调整图片大小。

❻ 依次单击"幻灯片母版"选项卡、"关闭"组中的"关闭母版视图"按钮。

❼ 在状态栏单击"幻灯片浏览视图"按钮，即可看到统一的图片。

14. 如果从哪里都找不到合适的演示文稿的标准版式，那么可以自定义新版式。其操作步骤如下。

❶ 在"视图"选项卡的"母版视图"组中单击"幻灯片母版"按钮，打开"幻灯片母版"选项卡。

❷ 在"幻灯片母版"视图的左窗格中，选择最后一张幻灯片版式。

❸ 在"幻灯片母版"选项卡的"编辑母版"组中单击"插入版式"按钮；在"母版版式"组中，单击"插入占位符"下拉箭头，在下拉列表中选择一种占位符(如"内容(竖排)")命令，如图 5.28 所示。

❹ 在需要出现占位符的位置上，按住鼠标左键拖曳鼠标，即可绘制指定大小的占位符。

❺ 重复步骤❸、❹，绘制其他需要的占符位。

❻ 依次单击"幻灯片母版"选项卡、"关闭"组中的"关闭母版视图"按钮。

自定义好新版式后，就可以编辑演示文稿时使用这个新版式了。

15. 若幻灯片的背景不符合演示文稿主题，那么可以自定义背景颜色。其操作步骤如下。

❶ 在"设计"选项卡的"背景"组中单击"设置背景格式"按钮。

❷ 打开"设置背景格式"窗格，如图 5.29 所示。

图 5.28 "插入占位符"下拉列表 图 5.29 "设置背景格式"窗格

❸ 单击"填充",选中"渐变填充"单选钮;单击"预设渐变" ,在其列表中选择所需要的渐变颜色;单击"类型"框右侧的下拉箭头,在下拉列表中选择"标题的阴影"选项;在"渐变光圈"中调整渐变光圈;单击"颜色"，在其列表中选择所需要的颜色。

❹ 单击"关闭"按钮。

16. 若希望用声音突出超链接,则可以为链接添加声音。其操作步骤如下。

❶ 在幻灯片中,选择需要进行超链接的对象。

❷ 在"插入"选项卡的"链接"组中单击"动作"按钮。

❸ 打开"操作设置"对话框,如图 5.30 所示。在"单击鼠标"选项卡中选中"超链接到"单选钮;选中"播放声音"复选框,单击"播放声音"框右侧的下拉箭头,在列表中选择所需声音(如"鼓掌")。

❹ 单击"确定"按钮。

17. 默认情况下,设置文本对象超链接后,在放映过程中单击文字,文字颜色都会发生相应改变。若要让超链接文本颜色不发生改变,与原来的颜色(如黑色)一样,则可对其进行设置。其操作步骤如下。

❶ 在幻灯片中,选择需要进行超链接的文本对象。

图 5.30　"操作设置"对话框

❷ 在"设计"选项卡的"变体"组中单击"其他"按钮，在下拉列表中指向"颜色"命令，在下一级菜单中选择"自定义颜色"命令。

❸ 打开"新建主题颜色"对话框，如图 5.31 所示。在"主题颜色"列表中，选择"超链接"的颜色为"黑色"，选择"已访问的超链接"的颜色也为"黑色"。

图 5.31　"新建主题颜色"对话框

❹ 单击"保存"按钮。

18. 为幻灯片设置超链接时可以利用屏幕提示功能，在幻灯片放映时给浏览者提供提示效果，如，让链接图片显示文字提示。其操作步骤如下。

❶ 在幻灯片中选中图片对象。

❷ 在"插入"选项卡的"链接"组中单击"超链接"按钮。

❸ 打开"插入超链接"对话框，如图 5.32 所示，单击"屏幕提示"按钮。

图 5.32 "插入超链接"对话框

❹ 打开"设置超链接屏幕提示"对话框，如图 5.33 所示。在"屏幕提示文字"文本框中输入所需的提示（如"填充颜色"）。

图 5.33 "设置超链接屏幕提示"对话框

❺ 单击"确定"按钮。

19. 删除超链接的操作步骤如下。

❶ 在幻灯片中，选中设置过超链接的对象。

❷ 在"插入"选项卡的"链接"组中单击"超链接"按钮。

❸ 打开"编辑超链接"对话框，如图 5.34 所示，单击"删除链接"按钮。

20. 在播放设置了动画的幻灯片时，有时为了不影响后面出场的动画，需要将幻灯片的动画播放后隐藏起来。其操作步骤如下。

❶ 在"动画"选项卡的"高级动画"组中单击"动画窗格"按钮，以显示动画窗格，如图 5.35(a)所示。

❷ 在"动画窗格"中，用鼠标右键单击需要设置动画播放后为效果的动画，在下拉列表中选择"效果选项"命令，如图 5.35(b)所示。

图 5.34　"编辑超链接"对话框

(a) 动画窗格

(b) 动画对象快捷菜单

图 5.35　动画窗格

❸ 打开"泪滴形"(设置的动画效果为"泪滴形")对话框，在"效果"选项卡的"增强"组中选择"动画播放后"为"播放动画后隐藏"选项，如图 5.36 所示。

❹ 单击"确定"按钮。

21. 每次播放完幻灯片后，屏幕总会显示为黑屏，取消 PPT 放映结束时黑屏片的操作步骤如下。

❶ 依次单击"文件"选项卡、"选项"命令。

❷ 打开"PowerPoint 选项"对话框，在左窗格单击"高级"选项，在右窗格"幻灯片放映"组中单击去掉"以黑幻灯片结束"复选框中的对勾。

❸ 单击"确定"按钮。

22. 在插入幻灯片编号时，系统默认在所有幻灯片中显示编号。在打印时不显示标题幻灯片编号的操作步骤如下。

❶ 在"插入"选项卡的"文本"组中单击"插入幻灯片编号"按钮。

图 5.36 "泪滴形"对话框

❷ 打开"页眉和页脚"对话框，如图 5.37 所示。在"幻灯片"选项卡中选中"幻灯片编号"复选框、"标题幻灯片中不显示"复选框。

图 5.37 "页眉和页脚"对话框

❸ 单击"全部应用"按钮。

23. 打印幻灯片时，默认是每页只打印一张幻灯片。若要在一张 A4 的纸张中编排多张幻灯片，则操作步骤如下。

❶ 依次单击"文件"选项卡、"打印"命令。

❷ 在右窗格中单击"整页幻灯片"按钮，在列表中选择"4 张水平放置的幻灯片"或"4 张垂直放置的幻灯片"。

24. 由于每台计算机中所安装的字体文件都不尽同，将在 A 计算机上制作完成的演示文稿在 B 计算机上打开时，字体可会发生改变。让幻灯片在播放时保持字体不变的操作步骤如下。

❶ 依次单击"文件"选项卡、"选项"命令。

❷ 打开"PowerPoint 选项"对话框，在左窗格单击"保存"，在右窗格"共享此演示文稿时保持保真度组"中，选中"将字体嵌入文件"复选框，如图 5.38 所示。

图 5.38　"PowerPoint 选项"对话框

❸ 单击"确定"按钮。

25. 将幻灯片设置为让观众自由引导幻灯片放映的操作步骤如下。

❶在"幻灯片放映"选项卡"设置"组中单击"设置幻灯片放映"按钮。或者，按下 Shift键，同时单击演示文稿窗口左下角的"幻灯片放映"按钮。

❷ 打开"设置放映方式"对话框，如图 5.39 所示。在"放映类型"组中，选中"观众自行浏览(窗口)"单选钮。

图 5.39　"设置放映方式"对话框

❸ 单击"确定"按钮。

26. 略。

27. 略。

第6章　网络应用初步

6.1　案例实验

实验一　注册一个免费电子邮箱

【实验目的】

掌握注册电子邮箱的方法和技能。

任务　注册一个免费 163 邮箱。

❶ 登录网易网站。

❷ 单击网站右上角的"注册免费邮箱"，打开"注册免费邮箱"窗口，如图 6.1 所示。

图 6.1　注册 163 免费邮箱窗口

❸ 在"邮件地址"栏，填写邮件地址，如"tzw.007"。若已被他人使用，则要另换一个地址。

❹ 在"密码"栏按要求填入事先拟定的密码,在"确认密码"栏再次填入拟定的密码。

❺ 在"验证码"栏,输入右侧的验证码。

❻ 在"手机号码"栏,输入申请者本人的手机号,发送短信验证。

❼ 单击"已发送短信验证,立即注册",完成注册。

实验二 写邮件、收发邮件

【实验目的】

学会写邮件、发邮件、阅读邮件。

任务 用实验一注册的 163 邮箱向自己的 QQ 邮箱发送一封电子邮件。

❶ 登录邮箱。打开网易免费邮箱登录窗口,如图 6.2 所示。

图 6.2 网易免费邮箱登录窗口

在地址栏输入邮箱地址,在密码栏输入密码。

❷ 单击"登录"按钮,登录邮箱。

❸ 单击左上窗格上方的"写信"选项卡,进入"写信"窗口,如图 6.3 所示。

❹ 在"收件人"栏输入收件人地址,即你自己的 QQ 邮箱地址。若要发送该邮件给多人,则在"收件人"栏依次填写多个收件人地址,并用";"分隔。

❺ 在"主题"栏填写邮件主题。

❻ 在正文中书写邮箱内容,并进行格式设置。

图 6.3 写邮件窗口

若有对正文的补充或说明，以及图片、程序等，则单击"添加附件"，将需要随本邮件一起发送的文件上传。

❼ 单击"发送"，邮件发送。

若要查看本邮箱收到哪些邮件，则可单击"收件箱"标签。未阅读的邮件，"发件人"和"主题"的字体加粗显示。单击"发件人"或"主题"，可阅读该邮件。

6.2　案例分析

例 6.1　地理上跨越城市、地区的网络称为_____。

A) LAN　　　　　　B) WAN　　　　　　C) Internet　　　　　　D) MAN

答：B。

知识点：计算机网络分类。

分析：按地理范围细分，网络可分为 LAN、MAN、WAN 及互联网。

LAN 的作用范围较小，一般在 1 千米的数量级，通常位于一座或一组建筑中。

MAN 是覆盖一个城市或地区的网络，覆盖范围约在 10 千米的数量级。

WAN 是覆盖范围在 100 千米的数量级或以上的网络。

互联网是多个网络互相连接所形成的网络，也可以认为是一个 WAN。

例 6.2 在 OSI 模型的七层结构中，能直接通信的是_____。

A) 数据链路层间　　　B) 应用层间　　　C) 网络层间　　　D) 物理层间

答：D。

知识点：网络模型。

分析：在 OSI 模型中，物理层以上的各层把数据上一层传到下一层，最终由物理层通过物理介质发送出去，另一方的物理层收到信息后，物理层以上的各层从下一层获得数据。所以，只有物理层之间能够直接通信。

例 6.3 以下不能采用光纤连接的网络拓扑是_____。

A) 总线形　　　B) 环形　　　C) 星形　　　D) 树形

答：A。

知识点：网络设备、Internet 连接。

分析：光纤连接目前只适于点-点型连接。

例 6.4 下列我国某高校(syzy)校园网服务器(zxserver)在 Internet 中的域名正确的是_____。

A) zxserver.syzy.edu.cn

B) cn.edu.zxserver.syzy

C) edu.cn.syzy.zxserver

D) syzy.zxserver.edu.cn

答：A。

知识点：域名。

分析：域名的结构一般为：主机名.网络名.机构名.最高域名。该题中的主机名是 zxserver，网络名应该是 syzy，而高校一般划为教育机构，所以机构名是 edu，中国的顶级域名是 cn。

例 6.5 下列网址正确的是_____。

A) http://www.yahoo.com

B) http@www.yahoo.com

C) kkk://www.yahoo.com

D) ftp@www.yahoo.com

答：A。

知识点：网址。

分析：网址一般结构为：协议://域名，@用于电子邮件地址中。

例 6.6 以下 IP 地址正确的是_____。

A) 123.345.123.1　　　B) 128.193.1　　　C) 197.168.0.1　　　D) 197.256.0.1

答：C。

知识点：IP 地址。

分析：IP 地址由四组十进制数组成，每一组数占 8 位 2 进制位，所以每组数的表示范围是 0~255，每组数之间以"."隔开。

例 6.7 以下不属于防火墙技术的是_____。

A) IP 过滤　　　B) 线路过滤　　　C) 应用层代理　　　D) 计算机病毒监测

答：D。

知识点：网络安全。

分析：计算机病毒监测只是防火墙的附加功能之一，不是防火墙主要采用的技术。

例 6.8 MODEM 的主要作用是_____。

A) 帮助打字　　　　　　　　　　　　B) 显示图形

C) 就是游戏操纵杆　　　　　　　　　D) 实现数字信号与模拟信号之间的转换

答：D。

知识点：Internet 拨号连接

分析：MODEM 也称调制解调器，主要作用是实现计算机内部数字信号与外部传输介质上的模拟信号之间的转换。

例 6.9　下列关于电子邮件的说法，正确的是＿＿＿＿＿＿＿。

A) 收件人必须有 E_mail 账号，发件人可以没有 E_mail 账号

B) 发件人必须有 E_mail 账号，收件人可以没有 E_mail 账号

C) 发件人和收件人均必须有 E_mail 账号

D) 发件人必须知道收件人的邮政编码

答：C。

知识点：Internet 服务、电子邮件。

分析：电子邮件是 Internet 最广泛使用的一种服务，任何用户存放在自己计算机上的电子信件可以通过 Internet 的电子邮件服务传递到另外的 Internet 用户的信箱中去。反之，你也可以收到从其他用户那里发来的电子邮件。发件人和收件人均必须有 E_mail 账号 。

例 6.10　用"综合业务数字网"（又称"一线通"）接入因特网的优点是上网通话两不误，它的英文缩写是＿＿＿＿＿＿＿。

A) ADSL　　　　　B) ISDN　　　　　C) ISP　　　　　D) TCP

答：B。

知识点：网络的基本概念、ADSL、ISP、TCP/IP 协议。

分析：ADSL 是非对称数字用户线的缩写；ISP 是指因特网服务提供商；TCP 是协议。

6.3　强化训练

一、选择题

1. 计算机网络按其覆盖的范围，可划分为＿＿＿＿＿＿＿。

A) 以太网和移动通信网　　　　　　　B) 电路交换网和分组交换网

C) 局域网、城域网和广域网　　　　　D) 星形结构、环形结构和总线结构

2. 计算机网络的目标是实现＿＿＿＿＿＿＿。

A) 数据处　　　　　　　　　　　　　B) 文件检索

C) 资源共享和数据传输　　　　　　　D) 信息传输

3. 下列域名中，表示教育机构的是＿＿＿＿＿＿＿。

A) ftp.bta.net.cn　　B) ftp.cnc.ac.cn　　C) www.ioa.ac.cn　　D) www.buaa.edu.cn

4. 下列属于计算机网络所特有的设备是＿＿＿＿＿＿＿。

A) 显示器　　　　　B) UPS 电源　　　　C) 服务器　　　　D) 鼠标

5. 统一资源定位器 URL 的格式是_____。

A) 协议://IP 地址或域名/路径/文件名　　　　B) 协议://路径/文件名

C) CP/IP 协议　　　　　　　　　　　　　　D) http 协议

6. 计算机网络拓扑是通过网络中节点与通信线路之间的几何关系反映出网络中各实体间的_____。

A) 逻辑关系　　　　B) 服务关系　　　　C) 结构关系　　　　D) 层次关系

7. 下列各项中，非法的 IP 地址是_____。

A) 126. 96. 2. 6　　　　　　　　　　　B) 190. 256. 38. 8

C) 203. 113. 7. 15　　　　　　　　　　D) 203. 226. 1. 68

8. 下面关于光纤叙述不正确的是_____。

A) 光纤由能传导光波的石英玻璃纤维加保护层组成

B) 用光纤传输信号时，在发送端先要将电信号转换成光信号，而在接收端要由光检测器还原成电信号

C) 光纤在计算机网络中普遍采用点到点连接

D) 光纤无法在长距离内保持较高的数据传输率

9. 对于众多个人用户来说，接入因特网最经济、简单、采用最多的方式是_____。

A) 专线连接　　　　B) 局域网连接　　　　C) 无线连接　　　　D) 电话拨号

10. 单击 Internet Explorer 11.0 地址栏中的"刷新"按钮，下面有关叙述一定正确的是_____。

A) 可以更新当前显示的网页

B) 可以终止当前显示的传输，返回空白页面

C) 可以更新当前浏览器的设置

D) 以上说法都不对

11. Internet 在中国被称为因特网或_____。

A) 网中网　　　　B) 国际互联网　　　　C) 国际联网　　　　D) 计算机网络系统

12. 下列不属于网络拓扑结构形式的是_____。

A) 星形　　　　B) 环形　　　　C) 总线形　　　　D) 分支形

13. Internet 上的服务都是基于某一种协议，Web 服务是基于_____。

A) SNMP 协议　　　　B) SMTP 协议　　　　C) HTTP 协议　　　　D) TELNET 协议

14. 下面关于 TCP/IP 协议的叙述不正确的是_____。

A) 全球最大的网络是因特网，它所采用的网络协议是 TCP/IP

B) TCP/IP 协议即传输控制协议 TCP 和因特网协议 IP

C) TCP/IP 协议本质上是一种采用报文交换技术的协议

D) TCP 协议用于负责网上信息的正确传输，而 IP 协议则是负责将信息从一处传输到另一处

15. 电子邮件地址由两部分组成，用@分开，其中@号前为_____。

A) 用户名　　　　B) 机器名　　　　C) 本机域名　　　　D) 密码

16. 若干台功能独立的计算机，在_____的支持下，用双绞线相连的系统属于计算机网络。

A) 操作系统　　　　B) TCP/IP 协议　　　　C) 计算机软件　　　　D) 网络软件

17. 不能作为计算机网络中传输介质的是_____。

A) 微波　　　　B) 光纤　　　　C) 光盘　　　　D) 双绞线

18. 在计算机网络中，通常把提供并管理共享资源的计算机称为_____。

A) 服务器　　　　B) 工作站　　　　C) 网关　　　　D) 网桥

19. 在计算机网络中，表征数据传输可靠性的指标是_____。

A) 传输率　　　　B) 误码率　　　　C) 信息容量　　　　D) 频带利用率

20. 一座大楼内的一个计算机网络系统，属于_____。

A) PAN　　　　B) LAN　　　　C) MAN　　　　D) WAN

21. 下列属于广域网的是_____。

A) 因特网　　　　B) 校园网　　　　C) 企业内部网　　　　D) 以上网络都不是

22. 计算机网络的拓扑结构包括_____。

A) 星形、无线、电缆、树形　　　　B) 星形、卫星、电缆、树形

C) 星形、光纤、环形、树形　　　　D) 星形、总线型、环形、网状

23. 下面关于双绞线的叙述不正确的是_____。

A) 双绞线一般不用于局域网

B) 双绞线可用于模拟信号的传输，也可以用于数字信号的传输

C) 双绞线的线对扭在一起可以减少相互间的辐射电磁干扰

D) 双绞线普遍应用于点到点的连接

24. 国际标准化组织(ISO)制定的开发系统互联(OSI)参考模型，有 7 个层次，下列 4 个层次中最高的是_____。

A) 表示层　　　　B) 网络层　　　　C) 会话层　　　　D) 物理层

25. 若某一用户要拨号上网，_____是不必要的。

A) 一个路由器　　　　B) 一个调制解调器

C) 一个上网账户　　　　D) 一条普通的电话线

26. 局域网中，提供并管理共享资源的计算机称为_____。

A) 网桥　　　　B) 网关　　　　C) 服务器　　　　D) 工作站

27. 数据完整性指的是_____。

A) 保护网络中各系统之间交换的数据，防止因数据被截获而造成泄密

B) 提供连接实体身份的鉴别

C) 防止非法实体对用户的主动攻击，保证数据接受方接收到的信息与发送方发送的信息完全一致

D) 确保数据是由合法实体发出的

28. 支持安全 WEB 服务的协议是_____。

A) HTTPS　　　　B) WINS　　　　C) SOAP　　　　D) HTTP

29. 计算机网络的安全是指_____。

A) 网络中设备设置环境的安全　　　　B) 网络使用者的安全
C) 网络中信息的安全　　　　　　　　D) 网络的财产安全

30. SSL 证书就是遵守 SSL 协议，SSL 协议指的是_____。
A) 加密认证协议　　B) 安全套接层协议　　C) 授权认证协议　　D) 安全通道协议

31. 下列不属于系统安全的技术是_____。
A) 防火墙　　　　B) 安装 QQ　　　　C) 认证　　　　D) 防病毒

32. 李四将个人微信头像换成微信群中某好友头像，并将昵称改为该好友的昵称，然后向该好友的其他好友发送一些欺骗信息。该攻击行为属于_____。
A) 口令攻击　　　　B) 暴力破解　　　　C) 拒绝服务攻击　　　　D) 社会工程学攻击

33. 下列表述错误的是_____。
A) 由于网络是虚拟世界，所以在网上不需要保护个人的隐私
B) 可以借助法律来保护网络隐私权
C) 虽然网络世界不同于现实世界，但也需要保护个人隐私
D) 网络时代，隐私权的保护受到较大冲击

34. 选项_____是目前利用大数据分析技术无法进行有效支持的。
A) 个人消费习惯分析及预测
B) 新型病毒的分析判断
C) 精确预测股票价格
D) 天气情况预测

35. 2016 年 4 月 19 日，习近平总书记在网络安全和信息化工作座谈会上指出，互联网核心技术是我们的"命门"，_____是我们最大的隐患。
A) 核心技术受制于人 B) 核心技术没有完全掌握
C) 网络安全技术受制于人　　　　D) 网络安全技术没有完全掌握

36. 黑客攻击造成网络瘫痪，这种行为是_____。
A) 没有影响违法　　B) 正常行为　　　　C) 犯罪行为　　　　D) 报复行为

37. 以下_____是黑客利用 IP 地址进行攻击的方法。
A) IP 欺骗　　　　B) 解密　　　　C) 窃取口令　　　　D) 发送病毒

38. 防止用户被冒名欺骗的方法是_____。
A) 对信息源发送方进行身份验证　　　　B) 进行数据加密
C) 对访问网络的流量进行过滤和保护　　D) 采用防火墙

39. 入侵检测是一门新兴的安全技术，是作为继_____之后的第二层安全防护措施。
A) 路由器　　　　B) 防火墙　　　　C) 交换机　　　　D) 集线器

40. 选项_____不属于计算机病毒的防治策略。
A) 防毒能力　　　　B) 查毒能力　　　　C) 解毒能力　　　　D) 禁毒能力

41. 以下算法中属于非对称算法的是_____算法。
A) DES　　　　B) IDEA　　　　C) RSA　　　　D) 三重 DES

42. 为保证密码安全，以下我们应采取的措施中不正确的是_____。
A) 不用生日做密码

B) 不要使用少于 8 位的密码

C) 密码不能以任何明文形式存在任何电子介质中

D) 用户可以不断地尝试密码输入，直到正确为止

43. 选项_____不属于身份认证协议。

A) smtp   B) PAP   C) CHAP   D) ×.509

44. 以下关于数字签名说法正确的是_____。

A) 数字签名是在所传输的数据后附加一段和传输数据毫无关系的数字信息

B) 数字签名能够解决数据的加密传输，即安全传输问题

C) 数字签名一般采用对称加密机制

D) 数字签名能够解决篡改、伪造等安全性问题

45. 以下算法中属于非对称算法的是_____。

A) DES   B) IDEA   C) RSA 算法   D) 三重 DES

46. 以下关于非对称密钥加密说法正确的是_____。

A) 加密方和解密方使用的是不同的算法

B) 加密密钥和解密密钥是不同的

C) 加密密钥和解密密钥匙是相同的

D) 加密密钥和解密密钥没有任何关系

47. CA 指的是_____。

A) 证书授权   B) 加密认证   C) 虚拟专用网   D) 安全套接层

48. 人工智能中通常把_____作为衡量机器智能的准则。

A) 图灵机   B) 图灵测试
C) 中文屋思想实验   D) 上述都不是

49. 人工智能研究的物质基础是_____。

A) 人类智能   B) 知识   C) 智力   D) 计算机

50. 物联网分为四层，即感知层、网络层、服务层和_____。

A) 物理层   B) 传输层   C) 应用层   D) 会话层

51. 云计算就是把计算资源都放到_____上。

A) 对等网   B) 因特网   C) 广域网   D) 无线网

52. SaaS 是_____的简称。

A) 软件即服务   B) 平台即服务
C) 基础设施即服务   D) 硬件即服务

53. 将基础设施作为服务的云计算服务类型是_____。

A) IaaS   B) PaaS
C) SaaS   D) 其它三个选项都是

54. 云计算里面临的一个很大的问题，就是_____。

A) 服务器   B) 存储   C) 计算   D) 节能

55. 当前大数据技术的基础是由_____首先提出的。

A) 微软   B) 百度   C) 谷歌   D) 阿里巴巴

56. 大数据的起源是_____。

A) 金融　　　　　B) 电信　　　　　C) 互联网　　　　　D) 公共管理

57. 下列关于数据重组的说法中，错误的是_____。

A) 数据重组是数据的重新生产和重新采集

B) 数据重组能够使数据焕发新的光芒

C) 数据重组实现的关键在于多源数据融合和数据集成

D) 数据重组有利于实现新颖的数据模式创新

58. 智慧城市的构建不包含_____。

A) 数字城市　　　B) 物联网　　　　C) 联网监控　　　D) 云计算

59. 大数据的最显著特征是_____。

A) 数据规模大　　B) 数据类型多样　C) 数据处理速度快　D) 数据价值密度高

60. 当前社会中，最为突出的大数据环境是_____。

A) 互联网　　　　B) 物联网　　　　C) 综合国力　　　D) 自然资源

二、填空题

1. 计算机网络主要由_____和_____两部分组成。

2. 因特网提供服务采用的模式是_____。

3. 传输媒体可以分为_____和_____两大类。

4. 在计算机网络上，网络的主机之间传送数据和通信是通过一定的_____进行的。

5. 万维网(WWW)采用_____的信息结构。

6. 网络协议由_____、_____、_____3 个要素组成。

7. 用于衡量电路或通道的通信容量或数据传输速率的单位是_____。

8. 计算机网络节点的地理分布和互联关系上的几何排序称为计算机的_____结构。

9. ISP 是掌握 Internet_____的机构。

10. _____被认为是美国信息高速公路的雏形。

11. TCP/IP 的网络层最重要的协议是_____协议，它可将多个网络连成一个互联网。

12. 一台主机配置的 IP 地址是 200.18.34.55，子网掩码是 255.255.255.0，那么这台主机所处网络的网络地址是_____。

13. 数据链路层协议要解决的 3 个基本问题是_____、_____、_____。

14. 在电子邮件中，用户可以同时发送文本和_____信息。

15. 收发电子邮件，首先必须拥有_____。

三、操作题

1. 申请一个免费电子邮箱，给自己发一封电子邮件。通过 E-mail 问候你的几个同学。

2. 通过谷歌(http://www.google.com)或百度(http://www.baidu.com)搜索引擎找出《南方都市报》的网址，并将该网址放入收藏夹中。

3. 学会设置 Outlook 邮件管理工具，并利用 Outlook 收发电子邮件。

申请到电子邮箱后，每人给老师发一封电子邮件。注意：在邮件中添加一张图片作为附件，落款标明班级、学号、姓名。

6.4　参考答案

一、选择题

1～5. CCDCA	6～10. DBDDA	11～15. BDCCA	16～20. BCABB
21～25. ADAAA	26～30. CCACB	31～35. BDACA	36～40. CAABD
41～45. CDADC	46～50. BABDC	51～55. BAADC	56～60. CACAA

二、填空题

1. 通信子网、资源子网　　　　　　　2. 客户/服务器

3. 导向传输媒体(或有线)、非导向传输媒体(或无线)　　4. 通信协议

5. 超文本链接　6. 语法、语义、同步　　　7. 带宽

8. 拓扑　　9. 接口　　10. 因特网(INTERNET)

11. IP　　12. 200.18.34.0　　13. 封装成帧、透明传输、差错检测

14. 多媒体　　15. 电子邮箱

三、操作题

略。